国家自然科学基金项目（项目编号：31860739）

海南大学科研启动经费项目［项目编号：KYQD（ZR）1994］

中草药对棕点石斑鱼的免疫调控作用

——以鸡血藤、黄柏、墨旱莲为例

蔡　岩　周永灿　著

U0195591

海洋出版社

2019年·北京

图书在版编目（CIP）数据

中草药对棕点石斑鱼的免疫调控作用：以鸡血藤、黄柏、墨旱莲为例/蔡岩，周永灿著. —北京：海洋出版社，2019.9

ISBN 978-7-5210-0436-6

Ⅰ.①中… Ⅱ.①蔡… ②周… Ⅲ.①中草药-作用-石斑鱼属-免疫学 Ⅳ.①S943.334

中国版本图书馆 CIP 数据核字（2019）第 231635 号

责任编辑：杨传霞　程净净

责任印制：赵麟苏

海洋出版社　出版发行

http://www.oceanpress.com.cn

北京市海淀区大慧寺路 8 号　邮编：100081

北京朝阳印刷厂有限责任公司印刷　新华书店发行所经销

2019 年 9 月第 1 版　2019 年 9 月北京第 1 次印刷

开本：787mm×1092mm　1/16　印张：8.25

字数：160 千字　定价：68.00 元

发行部：62147016　邮购部：68038093　总编室：62114335

海洋版图书印、装错误可随时退换

前　言

棕点石斑鱼是我国南方主要海水养殖品种之一，但近年来病害暴发频繁，严重制约其养殖发展。中草药免疫增强剂因其绿色环保、无耐药性、无药物残留等优点，近年来在鱼类病害防治中得到了广泛应用。然而，中草药对鱼类免疫调节的作用机理尚不明确。

利用实验室前期离体筛选得到的、可显著提高棕点石斑鱼外周血白细胞氧呼吸暴发活性的3种中草药（鸡血藤、黄柏和墨旱莲），通过体内投喂实验，我们检测了这3种中草药对棕点石斑鱼生长、非特异免疫指标和抗病力的影响；发现鸡血藤、黄柏和墨旱莲3种中草药均能不同程度地显著提高棕点石斑鱼整体抗病力，但投喂持续时间不同，3种中草药对棕点石斑鱼抗病力增强效果也存在差异。我们采用转录组测序技术对投喂3种中草药的棕点石斑鱼头肾进行高通量测序分析，获得了中草药作用下棕点石斑鱼头肾参考基因组序列，并获取了大量与棕点石斑鱼免疫相关的候选通路及基因的序列信息，为进一步研究中草药作用于棕点石斑鱼的免疫调控机制提供了良好的背景信息。我们利用数字基因表达谱（Digital Gene Expression, DGE）RNA-Seq（Quantification）技术，得到了3种中草药作用下差异表达的特定基因及其涉及的代谢途径，主要包括：Fc gamma R 介导的细胞吞噬通路中 *IgG-CD45-Src-Myosin* 基因通路、MAPK 通路、IgG-BCR 与 *TLR5* 基因以及 JAK-STAT 通路中 *SOCS*1、*PIM*1 基因，*COX-2* 基因等。这些通路与基因的发现，为揭示棕点石斑鱼对中草药免疫增强剂作用的分子应答机制奠定了基础。本研究结果不仅有助于筛选确定合适的棕点石斑鱼中草药免疫增强剂，也为系统揭示中草药免疫增强剂对棕点石斑鱼的免疫调控机制奠定了基础。

本书共分4章：第1章简要介绍了本研究的研究背景；第2章为3种中草药对棕点石斑鱼生长、非特异性免疫机能及抗病力的影响；第3章为3种中草药作用下棕点石斑鱼头肾转录组测序与分析；第4章为3种中草药作用下的棕点石斑鱼头肾数字基因表达谱测序与解析。

本研究项目的实施以及本书的出版都得到国家自然科学基金项目（项目编号：

31860739）和海南大学科研启动经费项目［项目编号：KYQD（ZR）1994］的支持，在此表示感谢。特别感谢我的导师周永灿教授在科研和写作方面给予的悉心指导。感谢课题组郭伟良、孙云、郑玉、张永政、曹贞洁、蒙爱云、孙晓飞、徐先栋等多位同事、同学的帮助和支持。

蔡 岩

2019 年 5 月

目　次

第1章 引 言

1.1 石斑鱼及其养殖概况

石斑鱼为鲈形目（Perciformes），鲈亚目（Percoidei），鮨科（Serranidae），石斑鱼亚科（Epinephelinae）鱼类的通称，为暖水性底栖生活鱼类，主要生活在太平洋和印度洋的热带和亚热带海域的岩礁洞穴及近海大陆架的珊瑚礁海区（Heemstra and Randall，1993）。中国具有十分丰富的石斑鱼资源，已记录的有 10 个属 54 种（成庆泰和郑葆珊，1987）。石斑鱼肉味鲜美，营养价值高，具有很高的经济价值，长期以来一直作为优质海产品备受中国及东南亚消费者青睐，因此也一直是热带和亚热带地区渔民重要的海洋捕捞对象（Heemstra and Randall，1993）。

近年来，随着捕捞压力的日益增大，石斑鱼类自然资源量呈现急剧下降趋势。为了在满足消费者日益增长的消费需求的同时有效保护石斑鱼自然资源，迫切需要广泛开展石斑鱼的人工养殖。从 20 世纪 90 年代以来，福建、海南和广东等南方地区的石斑鱼苗种生产形成一定规模。从 20 世纪末到 21 世纪初，随着石斑鱼类的生殖生长调控和人工育苗技术相继取得成功，我国石斑鱼类的苗种生产和成鱼养殖开始迅猛发展（林浩然，2012）。目前，我国石斑鱼养殖的主要品种有：棕点石斑鱼（*Epinephelus fuscoguttatus*，俗称老虎斑）、点带石斑鱼（*E. malabaricus*）、斜带石斑鱼（*E. coioides*，俗称青斑）、鞍带石斑鱼（*E. lanceolatus*，俗称龙趸）、赤点石斑鱼（*E. akaara*，俗称红斑）、豹纹鳃棘鲈（*Plectropomus leopardus*，俗称东星斑）、驼背鲈（*Cromileptes altivelis*，俗称老鼠斑）等。据联合国粮农组织统计，我国 2014 年石斑鱼养殖产量已达 8.8×10^4 t，石斑鱼已成为我国南方沿海的主要海水养殖品种，其产业已进入规模化养殖阶段。

棕点石斑鱼由于其肉味鲜美、生长快、市场潜力大，养殖前景广阔。自从棕点石斑鱼人工育苗成功并实现苗种规模化生产以来，其人工养殖也得到了快速发展，目前已成为海南、广东、广西、福建等南方沿海地区的主要石斑鱼养殖品种之一（王大鹏等，2012；罗鸣等，2013）。

1.2 石斑鱼主要疾病与防治方法

随着石斑鱼人工养殖的发展，养殖规模不断扩大、养殖产量日益增加，随之而来的是其疾病种类越来越多，造成的损失也越来越大。与其他水产养殖生物相似，病害成为我国棕点石斑鱼等石斑鱼养殖可持续健康发展的主要限制因素之一（孙晓飞等，2015）。

1.2.1 石斑鱼的主要疾病

与其他水产养殖动物一样，迄今已报道的石斑鱼疾病主要包括病毒性疾病、细菌性疾病、寄生虫类疾病等。其中，常见的病毒性疾病有神经坏死病毒、虹彩病毒和疱疹病毒等（Chi et al.，2001；Huang et al.，2013；Wang et al.，2014a）。2001年中国首先发现报道了赤点石斑鱼病毒性神经坏死症（Viral Nervous Necrosis，VNN）（Lin et al.，2001）之后，2006年和2008年春夏季在福建南部包括赤点石斑鱼、青石斑鱼、云纹石斑鱼在内的多种石斑鱼暴发急性传染病，其主要病原都被鉴定为病毒性神经坏死病毒，患病石斑鱼都显示典型的神经异常症状，如中枢神经和视网膜细胞出现空泡坏死等（龚艳清等，2006；苏亚玲，2008）。石斑鱼细菌性疾病的主要致病菌有哈维氏弧菌、溶藻弧菌、创伤弧菌等（鄢庆枇等，2001；覃映雪等，2004；林克冰等，2014；侯婷婷等，2016）。覃映雪（2004）首次报道了从福建厦门同安湾患溃疡病的青石斑鱼中分离得到的哈维氏弧菌病原。2010—2016年，又陆续有研究人员报道了海南三亚、海南陵水、海南会文、福建晋江，以及山东某养殖场发生病害的多种养殖石斑鱼（斜带石斑鱼、褐点石斑鱼、豹纹鳃棘鲈、珍珠龙胆石斑鱼）的病原菌均为哈维氏弧菌（梅冰等，2010；徐先栋等，2012；林克冰等，2014；辜良斌等，2015；沈桂明，2016）。陈晓燕等（2003）和赖迎迢等（2014）分别对患溃疡病的点带石斑鱼和斜带石斑鱼的病原菌进行分离鉴定，均确定为溶藻弧菌。鄢庆枇等（2001）首次报道了厦门同安患病养殖青石斑鱼的病原为河流弧菌。饶颖竹等（2016）研究发现引起广东湛江斜带石斑鱼弧菌病的病原菌为鳗弧菌。杨霞和吴信忠（2005）研究表明，普通变形菌（Proteusvulgaris）对赤点石斑鱼具有强毒性，是引发2002年7—9月广东阳西大规模赤点石斑鱼死亡的主要致病菌。已报道的石斑鱼寄生虫类疾病的病原主要有石斑鱼锥体虫、刺激隐核虫、微孢子虫、匹里虫、本尼登虫等（陈信忠等，2005；龚艳清等，2006；孙秀秀，2016；王永波等，2016）。

1.2.2　石斑鱼疾病的主要防治方法

目前，石斑鱼疾病的主要防治方法与其他海水鱼类疾病防治方法相似，主要有4种：化学药物法、抗生素法、疫苗接种法和免疫增强剂法（高吉强，2014）。

化学药物法是采用化学药物浸洗或泼洒的方法，如含氯消毒剂、高锰酸钾、漂白粉、硫酸铜等，通过对养殖水体和底质等环境进行消毒来控制养殖环境病原数量，预防疾病的传播与蔓延（黄瑞芳等，2004）。然而，由于很多化学药物本身毒性较大，在杀灭病原生物的同时也会危害鱼类的健康。如有机氯杀虫剂六六六具有强致癌作用；高锰酸钾的高锰酸根离子会氧化并破坏鱼体组织，使鱼缓慢死亡，且其锰离子会影响鱼类对钙的吸收，进而影响鱼类正常生长，甚至造成畸形；硫酸铜不仅会杀死水中藻类，还会阻滞鱼类胚胎发育，连续使用则引发鱼鳃充血、鱼体组织受损等问题（李传伦和朱清贤，1999）。

抗生素法是使用抗生素杀灭或抑制鱼体及养殖环境中有害细菌的方法。随着水产养殖业的发展，抗生素在促生长、预防和治疗细菌性疾病方面得到广泛使用。然而有些种类的抗生素在鱼体组织中残留期长、毒副作用大，不仅对鱼类产生危害，残留在鱼类中的药物还会损害鱼类消费者的健康。此外，环境中残留的抗生素对细菌产生选择压力而诱导其产生抗生素抗性基因，这些基因的迁移和传播是抗生素耐药性细菌产生的根源，也是对人类健康和生态环境的潜在威胁（冀秀玲等，2011；梁惜梅等，2013；朱永官等，2015）。

疫苗接种法是将疫苗制剂通过一定的方法接种到鱼体内，诱导鱼的机体产生非特异性和特异性免疫应答，从而获得抵抗相关疾病的方法。鱼类疫苗种类繁多，其中的弱毒疫苗和灭活疫苗在目前水产疫苗中应用较多。弱毒疫苗是毒性减弱或变异的弱毒株制备的疫苗，其优点是用量少、免疫效果持续时间长，缺点是安全性较差，贮存运输要求较高。灭活疫苗（用物理或化学的方法将病原菌灭活，但保留其免疫原性而制备的疫苗）具有制造简单、使用安全、易于保存等优点，因而早期商品化的水产疫苗多为灭活疫苗，如防治鲑鱼弧菌病和肠型红嘴病的细菌灭活疫苗，防治冷水弧菌病的细菌灭活疫苗等。鱼类疫苗的接种方式主要有注射、口服、浸泡3种。不同接种方式在免疫效果、可操作性、成本与效益等方面都各有利弊。寻找安全高效、简单经济的疫苗接种方式一直是水产疫苗研究与应用面临的重要挑战之一（王玉堂，2013；蒋昕彧等，2015；王忠良等，2015）。

免疫增强剂法是采用中草药、益生菌或维生素等免疫增强剂混合饲料投喂鱼类等水产养殖动物，从而增强鱼体抗病力的方法。鱼类免疫增强剂的作用机理一般认为是能够激活鱼体非特异性免疫因子（如增强巨噬细胞吞噬能力，促进淋巴细胞增殖或分泌淋巴因子，诱发抗体及补体的生成等），进而促进机体对抗原的特异性免疫应答，增强抗病力或免疫效果（周进等，2003；王海华等，2005；王思芦，2013；田照辉等，2015）。鱼类免疫增强剂种类多样，按其成分来源分，主要包括中草药类（植物提取物）、人工合成化合物类、微生物来源类、维生素类及生物活性因子类等。免疫增强剂因其种类多、应用广、无污染等优点，在鱼类疾病防治实践中日渐受到人们的青睐（王海华等，2005a，2005b）。

在目前的水产养殖中最普遍的疾病防治措施仍然为使用化学药物和抗生素等，但这两种方法可导致药物残留和耐药性等问题，不仅污染环境，也对人类健康造成巨大威胁。不符合现代水产可持续发展和健康环保的要求（鄢庆枇等，2001）。一般而言，疫苗接种法具有针对性强，能够预防某种特异性疾病的特点。但因鱼类疾病种类繁多，疫苗开发的技术要求高、周期长，而且当前已开发的疫苗的实际应用范围有限，加之疫苗免疫的操作较为复杂，耗时费力，导致成本较高，因此很难在鱼类养殖实践中大面积普及（秦启伟和潘金培，1996；周宸，2010；王大鹏等，2012）。免疫增强剂能弥补化学治疗法和疫苗法的不足，是一种比化学疗法更安全、比疫苗法更广泛高效的防治方法。目前，随着人们对鱼类免疫系统及免疫调控机制了解的日益深入，开发多来源、多种类的免疫增强剂用于防控鱼类疾病，并进一步明确不同免疫增强剂提高鱼类免疫力的调控机制的研究方兴未艾。

1.3 鱼类免疫增强剂及其研究应用概况

随着现代水产养殖业的发展和集约化程度的提高，养殖水域环境日益恶化，导致鱼类养殖的病害问题日趋严重。传统鱼病防治常用的药物包括抗生素及化学消毒药剂等，但其产生的药物残留和抗药性等问题不仅降低了养殖水产品品质和污染环境，也增加了对相关疾病的防控难度。鱼类免疫增强剂指能非特异性提高鱼类机体对病原的抵抗能力，从而增强鱼体抗病力或免疫效果的物质。与抗生素类药物相比，鱼类免疫增强剂具有绿色环保、来源广泛和使用方便等优点，有效避免了抗生素类药物的缺陷，在鱼病防控方面显示出了良好的发展前景，已日益受到养殖工作者和科研人员的青睐。已有研究认为，免疫增强剂对鱼类的免疫增强作用机理在于能够提高鱼类的非特异性免疫功能，如增强巨噬细胞的吞噬作用和呼吸暴发活性，诱导补体的产生等。鱼类免疫增强剂种类繁多，可分为中草药类（植物提取物）、人工合成化合物类、微生物来源类、维生素类及生物活性因子类等几大类（王海华等，2005；王玉堂，2016）。

1.3.1 中草药免疫增强剂

中草药及其提取物具有资源丰富、作用广泛、标本兼治、安全低毒、不易产生耐药性等特点，近年来在鱼类病害防治中得到越来越多的应用。中草药种类繁多、价格低廉、绿色环保等特点使其既能适用于规模化鱼类养殖生产，又符合现代水产养殖无公害可持续发展的要求（余登航，2010；阿地拉·艾皮热等，2016）。近年来有关中草药免疫药理学研究证实，有 200 多种中草药具有免疫调节、抗菌、抗病毒、抗寄生虫以及加强营养等多重功效（阿地拉·艾皮热等，2016）。鱼类免疫学研究也表明，虽然鱼类是最低等的脊椎动物，其免疫系统也较为低等，但中草药对鱼类的免疫调节作用与高等脊椎动物相似，说明大多数人用或兽用中草药也可应用于鱼类等水产动物（安德森，1984；杨先乐，1989；夏春，1996）。

1.3.1.1 鱼类中草药免疫增强剂的主要类型

常用的鱼用中草药免疫增强剂主要包括三大类：中草药单方、中草药复方及中草药提取物。

（1）中草药单方：中草药单方是指单一种类的中草药，其中所含的成分复杂，包括很多具有良好抗病原效果的成分。研究发现，添加不同浓度的夏枯草提取物，能显著提高牙鲆的抗病力，将累积死亡率降低 20%～45%（Harikrishnan et al.，2011b）。不同浓度的猴头菇提取物则能显著提高牙鲆的呼吸暴发活性、吞噬活性及溶菌酶活性，其中添加量为 0.1% 和 1.0% 组的累计存活率可分别提高 45% 和 60%（Harikrishnan et al.，2011a）。石榴提取物能够显著提高人工感染牙鲆的体重以及呼吸暴发活性、吞噬活性、溶菌酶活性等，并显著降低其感染死亡率（Harikrishnan et al.，2010b）。

（2）中草药复方：中草药复方是指根据不同中草药之间的配伍关系，由两味或两味以上中草药组成。配制中草药复方的主要目的是提高功效和降低毒副作用（孙广仁和郑洪新，2012）。目前已有较多以中草药复方作为鱼类免疫增强剂的研究报道，例如，金银花、人参和山楂按一定比例混合形成的中草药复方能显著提高牙鲆的瞬时增重率、胃肠蛋白酶活性和血清 SOD 活力，还可使饵料系数降低 12.14%～39.42%（王吉桥等，2006）。李霞等（2011）的研究表明，由土茯苓、白术、黄芪等 6 味中药制成的中草药复方可显著增加牙鲆血液的白细胞数、AKP 活力、溶菌酶活力和血清总蛋白含量；添加量达 5% 时，人工感染牙鲆的免疫保护率可达 80%。崔青曼等（2001）以大黄、连翘、海藻多糖等制成中草药复方可显著提高河蟹血细胞数量和吞噬活性、血清杀菌活性以及血清凝集效价等非特异性免疫指标。李义等

（2002）发现以党参、板蓝根、黄芪等10余味中草药制成中草药复方可显著提高罗氏沼虾的非特异性免疫力（如溶菌酶活性、吞噬细胞的吞噬百分比和吞噬指数、酚氧化酶活性）以及嗜水气单胞菌人工感染的免疫保护率。

（3）中草药提取物：中草药提取物是中草药经过一定的物理、化学方法处理后所获取的一种或多种其有效成分（黄洪敏等，2005；杨晓斌等，2013），如提取自甘草的甘草酸；提取自茯苓的茯苓多糖；提取自苜蓿的苜蓿皂苷；提取自大蒜的大蒜素等。陈超然等（2000）发现甘草素可显著提高中华鳖免疫反应指标以及嗜水气单胞菌人工攻毒的免疫保护率。王景华（1998）报道茯苓多糖能增加鲤的存活率。苜蓿皂苷能促进血鹦鹉鱼对饲料中虾青素的吸收（韦敏侠等，2015）。研究证实，大蒜素可显著提高养殖银鲫血清溶菌酶含量和SOD活力（杜爱芳等，1997；蔡春芳等，2002）。由石榴、除虫菊和青花椒组成的中草药复方的有机溶剂抽提物可显著提高牙鲆的吞噬活性、呼吸暴发活性和溶菌酶活性等，并使盾纤毛虫攻毒死亡率降低了50%~65%（Harikrishnan et al.，2010c）。

1.3.1.2 鱼类中草药免疫增强剂研究与应用的主要优势

中草药免疫增强剂在鱼类疾病防治中的主要优势为安全环保、多功能性和双向调节功能3个方面。

（1）安全环保。目前，鱼类养殖病害控制的最常用药物仍主要为抗生素及化学药物，其长期大量使用会污染环境、导致养殖鱼类药物残留、引起病原微生物产生耐药性等，不仅影响使用效果，还严重影响水产品品质，危害消费者健康。而中草药为纯天然产物，对自然环境不会造成污染。此外，中草药在我国有着几千年的临床应用历史，经过长时间的筛选，所保留下来的大都是有益无害的种类，再加上合理配伍使用，对动物的毒副作用小、无残留，安全性远远高于抗生素及化学药物，符合水产品绿色无公害的发展方向（王海华等，2005a，2005b；张国斌，2009）。

（2）多功能性。即使中草药单方中所含的活性成分也不是单一的，加之与其他中草药经科学配伍制成复方后，往往同时具有更多的功能。中草药免疫增强剂除了增强免疫功能，其他常见的功能还包括：营养功能、激素功能和抗病原功能。中草药本身含有多种营养成分，如蛋白质、维生素、矿物质和微量元素等，因而添加到饲料中，往往能够对鱼类产生补充营养、促生长、提高饲料利用率的作用。尽管中草药不是激素，但有些中草药能够起到类似激素的作用，在提高动物的抗应激能力等方面具有一定功效。另外，许多清热解毒类中草药（如金银花、小檗碱、黄柏等）都被证实具有抑制或杀灭病原微生物的作用。利用我国悠久的重要临床经验，将多种中草药经科学配伍复合后，还可使其药效互相补充、扬长避短、进一步强化中草药的多功能性（陈永云，2011；晏继红等，2013）。

（3）双向调节功能。有些种类的中草药对鱼类的免疫系统能起到双向调节作用。由于中草药成分多样，其中一种成分可能具有兴奋作用，而另一种成分却具有抑制作用。因此，中草药的不同成分可根据组织器官的不同功能状态选择性发挥不同的功能，对过于兴奋的予以抑制，对处于抑制状态的进行激活，最终将鱼体的免疫状态调整至正常的平衡状态。如当归对子宫既有兴奋作用也有抑制作用，体现了中药的双向调节功能（余登航，2010）。

1.3.1.3 鱼类中药免疫增强剂研究与应用存在的主要缺陷

虽然鱼用中草药免疫增强剂在鱼类病害防治中显示出明显的优势和广阔的应用前景，但也存在一定的不足，主要包括以下 3 个方面。

（1）质量难以控制。采自不同地区、不同季节的中草药其有效成分差异会很大，而中草药的免疫增强效果正是这些有效成分综合作用的结果。因此，中草药产品质量和药效存在难以控制和评估的问题（齐遵利等，2010）。

（2）成分及作用机理不清。中草药为多种有效成分共同发挥免疫调节和抗病原等作用，多组分的相互作用对了解其作用机制带来了难度。为了探索中草药的作用机制，当前已有的研究报道主要将中草药单个活性成分机构提纯和鉴定后再研究其作用机理，但这种做法主要局限于对非特异性免疫因子或个别基因的调控机制研究，难以考察中草药不同活性成分之间在生物体中的作用通路及其交互作用（戈贤平等，2015）。

（3）用药策略不完善。目前鱼类中草药免疫增强剂的研究还主要停留在定性阶段，缺乏定量研究。为了简单、经济、高效使用中草药，迫切需要增加中草药免疫增强剂对不同鱼类的适用性和针对性研究，加强对不同中草药制剂的使用时间、剂量、频率等方面的研究，针对不同物种确定最佳用药策略（周进等，2003；马嵩和陈葵，2013；杨晓斌等，2013）。

1.3.2 微生物来源免疫增强剂

微生物来源的免疫增强剂种类很多，目前作为鱼类免疫增强剂应用较多的主要有微生物菌体组分和益生菌等。

（1）微生物菌体组分。大量研究表明，微生物的许多菌体组分具有增强补体活力，促进吞噬细胞呼吸暴发等免疫增强作用。如来自分枝杆菌细胞壁的胞壁酰二肽能增强虹鳟巨噬细胞活性（周进等，2003）；来自革兰氏阴性菌细胞壁的脂多糖能促进鱼类 B 淋巴细胞的增殖与分化（Bullock et al.，2000；Esteban et al.，2001）。

（2）益生菌。目前在鱼类养殖中研究应用较多的益生菌包括乳酸菌、芽孢杆菌、硝化细菌和光合细菌等。研究表明，这些益生菌具有增进鱼体非特异性免疫功能、改善肠道菌群组成、促消化或改良水质的作用（杨晓斌等，2013）。

1.3.3　其他类型的免疫增强剂

其他类别的免疫增强剂还包括维生素类、人工合成类和生物活性因子类。维生素类包括维生素 C、维生素 E、维生素 A 等；人工合成类包括左旋咪唑和寡聚脱氧核糖核苷酸等；生物活性因子类包括激素和乳铁蛋白等。研究表明，这些不同类别的免疫增强剂普遍具有提高鱼类淋巴细胞活性、巨噬细胞吞噬活性、增强鱼体免疫力的功能（Kajita et al.，1990；Sakai et al.，1995；Mulero et al.，1998；Cuesta et al.，2001；Jφrgensen et al.，2001；Cuesta et al.，2002a；Cuesta et al.，2002b；Ounouna et al.，2002；Meng et al.，2003；黄洪敏等，2005；常青等，2010）。

1.4　鸡血藤、墨旱莲、黄柏 3 种中草药的研究与应用概况

1.4.1　鸡血藤及其研究应用概况

鸡血藤为豆科（Leguminosae），密花豆属（*Spatholobus*）的密花豆（*S. suberectus* Dunn）的干燥藤茎。其性温，味苦、甘，具有活血补血、调经止痛等功效（国家药典委员会，2015）。现代药理研究证实，鸡血藤具有改善造血系统、调节脂质代谢、抗病毒等多种药理作用（秦建鲜和黄锁义，2014）。

（1）改善造血系统：罗霞等（2005）研究发现，鸡血藤煎剂可提高机体红细胞生成素水平，从而发挥补血作用。陈东辉等（2004）的研究表明，鸡血藤能通过刺激造血祖细胞增殖分化而提高机体造血功能。刘屏等（2004）认为鸡血藤可促使骨髓细胞跳出 G1 期阻滞，进入细胞增殖周期，从而加速造血祖细胞的增殖和分化，促进造血。

（2）调节脂质代谢：研究表明，鸡血藤能降低血中总胆固醇，增加卵磷脂胆固醇酰基转移酶活性，从而起到预防和缓解动脉粥样硬化的作用（王巍等，1991）。另外，鸡血藤还可降低大鼠血清胆固醇和甘油三酯含量，使血浆超氧化物歧化酶活性升高，脂质过氧化产物含量降低。因此，鸡血藤既能降血脂，也能提高抗脂质过氧化能力（张志萍等，2000）。

（3）抗病毒作用。多个研究表明，鸡血藤提取物对包括甲型流感病毒、乙型肝

炎病毒、柯萨奇病毒、单纯疱疹病毒 I 型、埃可病毒在内的多种病毒都具有抑制作用（孟正木等，1995；Guo et al.，2006；郭金鹏等，2007；曾凡力等，2011）。

1.4.2 墨旱莲及其研究应用概况

墨旱莲是菊科（Compositae），鳢肠属（*Eclipta*）的鳢肠（*Eclipta prostrata*）的干燥地上部分。传统医学认为其具有滋补肝肾、止血、凉血的功效（国家药典委员会，2015）。现代药理学研究表明，墨旱莲具消炎、抗肿瘤、降血脂、保肝、免疫调节、止血等多种生物活性（程敏和胡正海，2010；任笑传和程凤银，2013）。

（1）消炎作用。墨旱莲能够明显抑制多种炎症反应所导致的组织肿胀和毛细血管通透性增高（胡慧娟等，1995；王晓丹等，2005）。Kobori 等（2004）研究发现，墨旱莲所含的蟛蜞菊内酯通过抑制 NF-κB 激酶和半胱天冬酶-11 的表达来减轻炎症反应。

（2）抗肿瘤作用。Liu 等（2012）发现墨旱莲成分旱莲苷 C 对肝癌细胞有一定体外抑制作用。墨旱莲成分香豆素能有效地抑制乳腺癌细胞的细胞毒性，并能抗细胞侵袭（Lee et al.，2012）。而墨旱莲中的木犀草素具有诱导癌细胞凋亡的作用，体外实验证明木犀草素能够抑制 10 多种恶性肿瘤细胞的生长（Sadzuka et al.，1997；Li et al.，2001；Kotanidou et al.，2002；Hsu et al.，2005）。此外，墨旱莲中的序莱素、齐墩果酸也具有抑制肿瘤的形成、阻碍肿瘤细胞分化转移等活性（Wei et al.，1990；Ovesna et al.，2004；Way et al.，2004；Li et al.，2013；Hossain et al.，2013；Wu et al.，2014）。

（3）降血脂与保肝作用。Santhosh 等（2006）发现，墨旱莲醇提物具有较好的降血脂作用，能够显著地降低总脂质、总胆固醇、甘油三酯等的含量。此外，墨旱莲的乙醇、甲醇、乙酸乙酯提取物均显示出不同程度的保肝、修复肝损伤或防止肝的纤维化作用（李春洋等，2005；江海艳和王春妍，2008；Lee et al.，2008；徐汝明等，2009；施嫣嫣等，2011）。

（4）免疫调节作用与止血作用。墨旱莲具有双向免疫调节功能（王彦武等，2008）。墨旱莲可显著降低正常小鼠的脾指数和血清溶血素水平；但对免疫功能低下小鼠，墨旱莲则可显著提高其脾指数、血清溶血素水平，表现出免疫增强作用（胡慧娟等，1992；何俊等，1992；刘雪英等，2001；覃华等，2002）。此外，墨旱莲还能够促毛细血管收缩，提高血小板数量和纤维蛋白原含量，体现出良好的止血作用（贾美华，1994；刘世旺等，2008；庄晓燕等，2010）。

1.4.3 黄柏及其研究应用概况

黄柏（*Phellodendri chinensis cortex*）为芸香科（Rutaceae）植物黄皮树（*P. chinense schneid*）或黄檗（*P. amurense rupr*）的干燥树皮（吴普等，1982）。黄柏药性苦寒，具有清热解毒、清虚热等功效（李峰和贾彦竹，2004；国家药典委员会，2015）。现代药理学研究表明，黄柏有消炎抗溃疡、免疫抑制、抗菌等作用。

（1）消炎、抗溃疡作用。黄柏对小鼠耳壳肿胀及腹腔毛细血管通透性增高均有很好的消炎作用，对细菌感染所致的豚鼠表皮损伤有明显的疗效（南云生和毕晨蕾，1995；赵鲁青等，1995）。复方黄柏液可降低感染性创面中 TNF-α 和 IL-6 蛋白表达水平，减少炎症介质的释放，改善创面的炎症病理状态，促进创面愈合（张坤和丁克，2015）。在疮疡症治疗中，黄柏能快速消除炎症水肿，改善创面微循环，加速伤口愈合（田代华，2000，郑子春等，2010）。此外，黄柏还能显著降低溃疡组织中炎症因子 IL-1β、TNF-α 和 IL-1 的含量，在溃疡性结肠炎和胃溃疡治疗中都具有较好疗效（同心，1996；郑子春等，2010；闫曙光，2012）。

（2）免疫抑制作用。研究表明，黄柏及其主要成分具有很强的免疫抑制作用，能够抑制细胞免疫反应。如黄柏能显著抑制迟发型超敏反应、脾细胞增殖和免疫球蛋白的产生（李宗友，1995；邱全瑛等，1996）。另有研究发现，黄柏可能是通过抑制 IFN-λ、IL-1、TNF-α、IL-2 等炎症因子的产生发挥免疫抑制作用（吕燕宁和邱全瑛，1999）。

（3）抗菌作用。黄柏对链球菌、幽门螺杆菌、淋球菌、大肠杆菌、葡萄球菌等四大类 10 余种细菌均表现出显著的拮抗作用，具有较广的抗菌谱。黄柏的抗菌作用原理与其对细菌呼吸及 RNA 合成的强烈抑制有关（陈锦英等，1994；南云生和毕晨蕾，1995；赵鲁青等，1995；缴稳苓，1997；杨淑芝和张晓坤，1997；李仲兴等，2000；杨霓芝和黄春林，2000；郭志坚等，2002；陈蕾和邱大琳，2006）。

1.5 转录组及其研究方法

1.5.1 转录组与高通量测序技术简介

1.5.1.1 转录组

转录组（Transcriptome）为某特定发育阶段或生理条件下，某个细胞、某种类型细胞或某一组织内全部转录出来的 RNA 的集合。与基因组不同，转录组是动态的，能够准确地反映机体某一部位的全部基因随时间连续表达变化的情况，因而已成为研究生物机体在不同内部或外部因子影响下基因整体表达状态变化规律的理想选择（Mardis，2008）。

1.5.1.2　高通量测序技术

近年来，高通量测序技术（High-throughput Sequencing）的出现革命性地推动了基因组和转录组研究的进程。尤其是其在非模式物种中的应用，使得大量物种完成基因组测序，极大地丰富了公共数据库中物种的基因信息，有力地推动了全基因的研究进程。其中，Illumina HiSeq 2000 系统是目前运用较为广泛的一种高通量测序平台，被大量应用于转录组研究（Metzker，2010），其主要优点为成本低、通量高且控制灵活，并且随着当前序列拼接软件的不断升级优化，Illumina 的准确性得到进一步提升（Butler et al.，2008；Zerbino and Birney，2008；Paszkiewicz and Studholme，2010；Luo et al.，2012）。

1.5.1.3　高通量测序技术在转录组 de novo 测序、表达谱测序中的应用

由于高通量测序能够应用于各种不同的物种，获得其基因序列信息；还可对几乎全部表达基因的表达量进行绝对或相对水平的定量分析。因此，常常用于 de novo 测序和基因表达谱分析等转录组学研究。de novo 测序主要用于无参考序列的非模式生物的蛋白编码基因的测序与注释。高通量测序后得到的 clean reads 通过 de novo 组装，利用 reads 读长之间的重叠关系将它们拼接为较长的 Unigene，然后将 Unigene 与 NR、NT 等公共蛋白数据库进行比对，根据序列相似性获得未知基因的功能信息（滕晓坤和肖华胜，2008）。数字基因表达谱技术主要通过应用高通量测序对组织或细胞中所有的 m-RNA 反转录成的 cDNA 进行直接检测，得到的序列与 de novo 测序得到的参考基因序列进行比对，从而得到基因种类和相应的表达量信息。相比于传统的基因表达连续分析（Serial Analysis of Gene Expression，SAGE）与微阵列技术（Microarray Technology），以高通量测序为基础的数字基因表达谱技术不需要设计探针，就可对任意物种的整体转录活动进行检测，具有分辨率高、检测范围广、廉价高效等优点（Schena et al.，1995；Hanriot et al.，2008；周德贵等，2008；Kristiansson et al.，2009；Wolf et al.，2010；Mu et al.，2010；孙方达，2012）。

1.5.2　鱼类转录组研究进展

过去对鱼类免疫、发育、代谢等机能调控机制的探索主要是针对个别基因结构

和功能的研究，具有很大的局限性。高通量测序技术革命性地改变了鱼类功能基因的鉴定方式，使得大规模的功能基因的鉴定、表达调控和新基因的发现成为可能。尤其是随着近年来高通量测序技术的迅速发展，转录组测序所需的时间和经费大大降低，使得包括斑马鱼、尼罗罗非鱼、日本青鳉、红鳍东方鲀等硬骨鱼类模式生物以及其他非模式物种鱼类转录组学研究迅速发展起来。目前，转录组测序已经广泛应用于鱼类免疫、发育、进化等多方面研究。

Du 等（2017）为了研究齐口裂腹鱼的抗病毒机制，对用人工合成的病毒核酸类似物 Poly（I∶C）刺激前后的齐口裂腹鱼脾进行了 RNA-Seq 测序，共得到差异性表达基因（*DEGs*）313 个，其中 268 个显著上调，45 个显著下调。对免疫相关的 *DEGs* 进行进一步分析发现齐口裂腹鱼的抗病毒信号传导通路包括 MDA5 及 JAK 调控的信号通路以及 I 型 *IFN* 和 *ISG* 基因。这些结果为未来的抗病毒免疫研究提供了有用的候选免疫基因。Tong 等（2015）对野生青海湖裸鲤的免疫器官鳃和肾进行了深度测序，发现鳃部特有的基因 2 687 个、肾特有基因 3 215 个。对免疫相关基因及通路等进行进一步数据挖掘，发现并得到了包括 TOLL 样受体、干扰素转录调控因子、白介素、肿瘤坏死因子等多种免疫相关基因的完整序列信息，为研究高原鱼类免疫基因的起源与进化提供了依据与参考。Li 等（2017）对不同发育时期的草鱼脾进行了双末端转录组 *de novo* 测序，总共得到 Unigene 38 254 个，其中专属于 1 龄鱼的 4 356 个、专属于 3 龄鱼的 3 312 个；检测到在两个发育阶段草鱼脾的差异表达基因 1 782 个，其中 903 个下调、879 个上调；发现了以下 6 个免疫相关通路：补体与凝血级联通路、Toll 样受体通路、B 细胞受体信号通路、T 细胞受体信号通路、抗原加工提呈通路和趋化因子信号通路，为草鱼脾发育的分子机制研究提供了基础数据。Liao 等（2013）对鲫的脑、肌肉、肝、肾分别进行了 *de novo* 转录组测序分析，clean reads 拼接后共得到 127 711 个 Unigene，其中 22 273 个得到唯一的蛋白注释，14 398 个在 GO 中得到注释，6 382 个被匹配到 237 个 KEGG 通路中。还发现各组织间基因表达有显著差异：脑的表达基因表达数量最多，肌肉的上调表达基因最多，肝的下调表达基因最多。另外，还发现了糖原酵解/异生通路上的 23 个酶。这些发现为鲫的多倍体起源、抗缺氧机制及选择性育种研究奠定了基础。Zhou 等（2016）为了研究胰岛素对鲤的免疫调控机理，对注射胰岛素和注射生理盐水的鲤肝同时进行 RNA-Seq 转录组测序，共得到 60 421 个 Unigene，其中 37 107 个在至少一个已知数据库中得到成功注释。经比较得到显著差异性表达基因 782 个，KEGG 通路分析发现这些差异表达基因富集在 153 个通路上，这些通路包括 Toll 样受体通路和 NF-κB 信号通路。此外还发现在注射胰岛素后，鲤肝内的 *TLR*3、激活蛋白因子–1、肿瘤坏死因子 α、巨噬细胞炎症蛋白–1*b* 等基因的表达都发生显著变化。Byadgi 等（2016）应用 Illumina HiSeq™ 2000 平台对感染格氏乳球菌（*Lactococcus garvieae*）的鲻脾和头肾进行双末端 *de novo* 测序，得到 Unigene 55 203 个。攻毒样本与对照比较后，在头肾得到差异表达基因 7 192 个（4 211 个上调、2 981 个下调），脾得到 7 280 个（3 598 个上调、3 682 个下调）。对差异表达基因进行富集通路分析发现，这些基因主要富集在补体与凝固级联通路、Toll 样受体通路以及抗原加工提呈通路上（Byadgi et al.，2016）。Zhu 等（2016）对中华鲟的免疫相关组织器官进行 Illumina 深度 *de novo* 测序，经组装得到 91 739 个 Unigene，其中 25 871 个在公共数据库中得到成功注释。22 827 个 Unigene 被归入 52 个 GO term 中，有 4 968 个 Unigene 注释到 339 个 KEGG 通路中。更为详细地分析发现这种非硬骨鱼类拥有很多哺乳动物及硬骨鱼所有的著名免疫相关通路，如模式识别受体信号通路、JAK-STAT 信号通路、补体与凝血通路、T 细胞受体与 B 细胞受体信号通路等。此外，在梭鱼（Qi et al.，2016）、牙鲆（黄琳，2015）、大菱鲆（Pereiro et al.，2012）、大黄鱼（Mu et al.，2010）、虹鳟（Salem et al.，2010）、海鲈（Xiang et al.，2010）、斑马鱼（Levi et al.，2009；Yang et al.，2012）、泥鳅（Long et al.，2013）、半滑舌鳎（Wang et al.，2014b）和长尾草金鱼（张升力等，2014）中也相继进行了转录组研究。

1.6　几个重要的免疫相关通路与基因

1.6.1　Fc gamma R 介导的细胞吞噬通路与 *IgG* 基因

Fc gamma R 介导的细胞吞噬通路（Fc gamma R-Mediated Phagocytosis Pathway）是一种重要的宿主免疫防御通路。在这个通路中，外来物质通过免疫球蛋白 IgG 的调理素作用被 Fc gamma R 所识别，触发一系列信号传导，最终形成吞噬泡。Fc gamma R（FcγRs）属于免疫球蛋白 Ig 超家族，能够调控机体许多免疫细胞学生物效应，在免疫防御和自身免疫中起着重要作用。Fc gamma R 功能失常与多种机体免疫性疾病（如系统性红斑狼疮，Systemic Lupus Erythematosus，SLE）、传染病、过敏等疾病和肿瘤等相关（Daeron，1997；Ravetch，1997；Ravetch and Bolland，2001；Cohen-Solal et al.，2004；Nakamura et al.，2008；Masuda et al.，2009；Willcocks et al.，2009；Niederer et al.，2010）。大部分 IgG 受体属于激活型受体（Activating Receptor），激活型受体胞内区都含共同的酪氨酸的受体活化基序（Immunoreceptor Tyrosine-based Activation Motif，ITAM），免疫效应细胞被 ITAM 激活，能触发

一系列的细胞免疫反应，其中包括诱导补体依赖细胞毒作用（Complement-Dependent Cellular Cytotoxicity，CDCC）、抗体依赖细胞毒作用（Antibody-Dependent Cellular Cytotoxicity，ADCC）、细胞的吞噬作用（Phagocytosis）、细胞裂解（Cytolysis）以及抗原提呈和分泌促炎性介质等（Nimmerjahn et al.，2005；Nimmerjahn and Ravetch，2006；Kaneko et al.，2006）。巨噬细胞和嗜中性粒细胞主要是通过 Fc gamma R 介导完成吞噬作用。研究表明，颗粒性外源物质，如病毒与细菌感染细胞与 IgG 结合形成复合物，这些复合物结合细胞表面的 Fc gamma R 后，会引起 Fc gamma R 聚集的发生、SRC 酪氨酸激酶家族被激活、磷酸化受体酪氨酸激活基序、SYK 激酶结合位点形成、募集细胞噬功能所必须得 SYK 激酶，进而激活下游的信号通路（杨青原，2013）。

1.6.2 IgG-CD45-Src-Myosin 信号传导途径

IgG-CD45-Src-Myosin 信号传导途径同样隶属于 Fc gamma R 介导的细胞吞噬通路。研究表明，白细胞通用抗原 CD45 既能对 SRC 激酶（Src-Family Kinases，SFKs）进行脱磷酸化作用，也能对 SFK 的底物进行脱磷酸化作用（Mason et al.，2006）。SFK 的活性取决于两个主要酪氨酸残基的磷酸化过程。在活化环里酪氨酸残基的磷酸化会提高激酶的活性，而 C 端 Src 激酶催化处于 C 端尾部的酪氨酸残基的磷酸化则会降低激酶的活性。在巨噬细胞中，CD45 能够将这两种酪氨酸残基都进行去磷酸化，因而 CD45 既能活化也能抑制 SFK（Roach et al.，1997；Zhu et al.，2008）。作为动力蛋白的肌球蛋白 Myosin Ⅱ，因其连接肌纤蛋白微丝与产生收缩力的能力，在诸如细胞黏附、转移和分裂等细胞过程中发挥重要作用（Vicente-Manzanares et al.，2009）。研究表明，肌球蛋白 Myosin Ⅱ 能够调节白细胞质膜中的信号蛋白的运动与活性。此外，Myosin Ⅱ 在 Fc gamma R 调控的吞噬作用中也发挥着重要作用（Ilani et al.，2009；Jaqaman et al.，2011）。有研究发现，Myosin Ⅱ 定位于吞噬杯，在那里 Myosin 轻链的磷酸化激活被取消，而 Myosin Ⅱ 的抑制也会导致胞饮颗粒物速率的减缓（Olazabal et al.，2002；Araki et al.，2003；Tsai and Discher，2008）。此外，Myosin Ⅱ 还参与了 CD45 从质膜中 Fc gamma R 的分离，促进了 Fc gamma R 的磷酸化，进而导致以肌动阮为动力的由 IgG 协助的外源颗粒物的摄入（Shota et al.，2012）。

1.6.3 MAPK 通路、IgG-BCR 通路与 *TLR*5 基因

1.6.3.1 MAPK 通路

丝裂原活化蛋白激酶（Mitogen-activated protein kinase，MAPK）通路是真核生物信号传导的重要通路，在真核生物的基因表达调控和细胞质功能活动中发挥着极其重要的作用。MAPK 链由 3 种蛋白激酶 MAP3K-MAP2K-MAPK 组成，这 3 种激酶能够通过磷酸化而依次激活，进而将上游信号传递到下游，引发多种细胞内信号响应。MAPK 通路勾连着多种不同的亚通路，主要包括 ERK、JNK、p38MAPK 等。其中，ERK 通过活化多种生长因子受体和营养相关因子而调控细胞的增殖与分化；JNK 是细胞对环境多种应激适应信号转导的关键分子；p38MAPK 则是控制炎症反应、细胞分化、迁移和凋亡的重要通路。MAPK 链是多种重要信号传导通路中的共有成分，在包括炎症、应激和细胞周期调控等多种生理/病理过程中发挥重要作用（Orton et al.，2005；Kim et al.，2016）。

1.6.3.2 IgG-BCR

B 细胞抗原受体（BCR）是存在于 B 细胞膜表面的免疫球蛋白，具有抗原结合特异性；膜连免疫球蛋白（IgG）是 BCR 的一部分。现代研究证明，BCR 可识别包括蛋白质、多糖、脂类在内的多种抗原。IgG-BCR 最先被 Src 家族（包括 Lyn、Blk 和 Fyn 三类蛋白）激活，形成经典的近膜信号复合体。这类信号复合体因 BLNK 和 GRB2 等一系列接头蛋白的加入而更加稳定。信号分子 PI3K 和 PLCγ2 因被招募到信号复合体上而被激活，进而前者促进了从 PIP2 到 PIP3 的转变，后者则最终促使 PIP2 生成了 IP3 和 DAG。此后，IgG-BCR 通路开始变得多样化，进而激发了下游至少 4 个通路级联途径，其中主要包括 NF-κB、NFAT、MAPK 和 FoxO 等通路（Xu et al.，2014）。

1.6.3.3 TLR5

Toll 样受体 5（TLR5）是 Toll 样受体（Toll-like Receptors，TLR）家族的成员之一。TLR 是天然免疫的重要组成部分，能够识别各种疾病相关分子模式（包括外源的病原微生物、内源性物质及降解物），在组织修复和组织损伤导致的炎症反应中具有重要作用。TLR5 能够识别细菌鞭毛蛋白，因此具有鞭毛的多种细菌都可被TLR5 识别。TLR5 的激活能够引起 NF-κB 通路的连锁反应，进而激活一系列炎症相关基因。TLR5 的突变与克隆氏病和系统性红斑狼疮这两种自身免疫系统疾病相关

（Hawn et al.，2005；Gewirtz et al.，2006；Lun et al.，2008）。

1.6.4 JAK-STAT 通路与 *SOCS*1、*PIM*1 基因

JAK-STAT 信号通路是机体内普遍存在的信号通路之一，由多种细胞因子、生长因子以及受体所激活，是细胞因子信号传导的主要途径。它广泛参与细胞增殖、分化、凋亡、血管生成以及免疫调节、炎症、肿瘤等多种生理病理过程（洪璇和张艳桥，2011；宋舟等，2012）。Janus 蛋白酪氨酸激酶（Janus Activated Kinase，JAK）的受体首先结合细胞因子、生长因子等，触发信号蛋白分子级联活化反应，激活 JAK；接着 JAK 激活信号转导子和转录激活子（Signal Transducer and Activator of Transcription，STAT）（Li，2008；Proia et al.，2011）。迄今为止，在哺乳动物中共发现 4 个 JAK 家族成员（JAK1、JAK2、JAK3 及 Tyk2）以及 7 个 STAT 家族成员（STAT1、STAT2、STAT3、STAT4、STAT5a、STAT5b 及 STAT6）（Mitchell and Susan，2005）。其中，JAK 家族成员 JAK1、JAK2 及 Tyk2 广泛存在于各种组织和细胞中，而 JAK3 仅存在于骨髓和淋巴系统。研究表明，细胞因子与 JAK 激酶之间并不存在——对应关系，即一种细胞因子可以激活多种胞内 JAK 激酶，或多种细胞因子可以同时激活相同 JAK 激酶而发挥生物学效应（Ghoreschi et al.，2009）。STAT 家族成员广泛分布于多种组织和细胞中（Heim，1999），参与正常生理过程，但在人恶性肿瘤中表达异常（Sahu and Srivastava，2009）。STAT 家族的 STAT1 主要参与 INFs 的应答反应，STAT1 不足可致病毒感染敏感性增加；STAT2 仅被 IFN-α/β 和 IFN-λs 活化；STAT3 能够被多种细胞因子（IL-6、IL-10、IFN-α/β）激活，且与肿瘤密切相关；STAT4 被 IL-12、IL-23、IFN-α 所激活，并且通过与 STAT2 相互作用而活化 IFN 受体；STAT5 被生长激素、表皮生长因子、血小板源生长因子、造血细胞因子、红细胞生成素等多种因子激活；STAT6 的靶基因为免疫球蛋白 ε 链、CD23、MHC class II 等，B 细胞中 IFN-α、IL-4、IL-13 可以激活 STAT6。STAT6 基因缺失或沉默会导致 Th2 免疫反应减弱，IgE 生成减少（Ivashkiv and Hu，2004）。鱼类 JAK 激酶和 STAT 蛋白的种类和数量与哺乳类相似，也发现了 4 种 JAK 激酶和 5 种 STAT 蛋白（Oates et al.，1999；Leu et al.，2000）。不过，虽然目前认为鱼类 JAK-STAT 信号传导过程与哺乳动物相似，但相关研究还不足，对其具体的细节仍不完全了解。

细胞因子信号传导抑制因子（Suppressor of Cytokine Signaling，SOCS）是一类负调控蛋白分子，它参与调控多种细胞因子介导的信号通路，包括 JAK/STAT、IFNγ、GH、IL-6、胰岛素和泌乳素信号通路等，从而对细胞因子或激素等对机体刺激产生的应答进行负反馈调节，保证机体的正常功能和体内平衡。SOCS1 是 SOCS 蛋白家

族的重要成员，在机体的胸腺、肝、神经、眼睛等多个器官中均有表达。SOCS1 能通过结合 JAK 抑制 STAT 磷酸化；也能通过 SOCS 盒降解 JAK。SOCS1 通过抑制 JAK-STAT 信号通路进而调节机体的免疫、生长、分化、增殖、造血等。另外，SOCS1 通过结合胰岛素受体底物 IRS，参与调节胰岛素信号通路，从而调节机体糖、脂类以及蛋白的代谢。SOCS1 还参与调节 TLRs、IFN 等信号通路。研究表明，敲除了 SOCS1 的新生小鼠会出现严重的炎症反应，说明 SOCS1 也是调节机体免疫的重要因子。研究还发现，敲除了 SOCS1 的小鼠会出现低血糖和低胰岛素血症，过表达 SOCS1 则引起胰岛素抵抗，进一步说明 SOCS1 参与了胰岛素信号通路的调节。此外，过表达 GH 或 GHR 可导致 SOCS1 的表达上升，表明 SOCS1 参与调节 GH 信号通路，进而调节机体生长（戴梓茹，2015）。斑马鱼敲除 SOCS1a 后引发造血功能紊乱和胚胎胸腺偏小，在一定程度上表明 SOCS1a 参与调节斑马鱼的造血和免疫等功能。敲除 SOCS1a 的突变系出现了红细胞增多、肝脂肪变性、胰岛素抵抗、生长缓慢等表型。敲除 SOCS1a 导致 GH 信号通路过度活化，糖异生、脂分解作用增强，从而导致突变系身体脂肪明显减少，促使肝代谢增强，过度消耗氧而导致肝局部缺氧，进而低氧诱导效应增强，线粒体功能出现障碍。斑马鱼模型和哺乳动物模型的 SOCS1a 突变系在胰岛素敏感性、脂代谢和炎症效应等方面的不同表型，表明 SOCS 在低等脊椎动物与高等脊椎动物中可能具有不同的功能机制（戴梓茹，2015）。

*PIM*1 致癌基因是一类具有色氨酸激酶活性的与细胞生存和增殖相关的原癌基因，在肿瘤发生中具有选择性优势。*PIM*1 的致癌作用主要是通过调控 MYC（V-Myc Avian Myelocytomatosis Viral Oncogene Homolog）的翻译活动，调控细胞周期进程以及对促凋亡蛋白的磷酸化和抑制作用。通过对 MYC 的磷酸化，*PIM*1 对 MYC 的稳定化作用，进而促进了翻译活动。另外，*PIM*1 还通过磷酸化 *BAD* 基因和 *MAP3K5* 基因，显著降低促细胞凋亡蛋白的释放和活性水平，进而阻碍了细胞凋亡，促进了肿瘤的发生。*PIM*1 主要是因环境压力、热激、细胞毒性物质等作用引起细胞因子激活 JAK-STAT 通路而在白细胞中大量诱导产生（Kumar et al.，2005；Borillo et al.，2010）。

1.6.5 *COX*-2 基因

环氧化酶（Cyclooxygenase，COX）是催化花生四烯酸转化为前列腺素的重要酶类。COX 有两种同工酶，即 COX-1 和 COX-2。COX-1 被称为管家酶或生理性酶，其主要功能是保护机体维持正常的生理过程；COX-2 为诱导型酶或病理性酶。正常生理状态下绝大部分组织细胞不表达 COX-2，而受到损伤性化学、物理和生物因子等促炎介质诱导后，在炎症、肿瘤等病理状态下 COX-2 表达增加，具体过程为：

COX-2 催化花生四烯酸合成前列腺素 E2（PGE2），之后产生的一系列炎症介质通过级联反应调节机体的各种生理和病理过程（Greenhough et al.，2009）。

COX-2 的高表达能够通过促进血管新生，进而帮助皮肤创伤或溃疡愈合；但也会因为促进肿瘤相关血管新生而加速肿瘤生长。Futagami 等（2002）的研究表明，正常皮肤中 COX-2 蛋白和 mRNA 表达水平都很低，但在皮肤切除造成创伤后，COX-2 蛋白和 mRNA 表达量则显著增加，损伤表皮边缘的微血管也显著增加。另有研究发现，NS-398、JTE522、环孢霉素 A、塞来昔布等多种 COX-2 抑制剂均可显著降低微血管密度，进而减缓肿瘤生长（Satoko et al.，2003；Chang et al.，2004；祝慧凤等，2006）

1.7　目的意义

随着水产养殖规模的持续扩大和集约化程度的不断提高，疾病对水产养殖动物的危害日益加重。抗生素和化学消毒剂等药物虽然在养殖初期对有些细菌性疾病的防治具有一定的效果，但由于存在药物残留、耐药性和环境污染等显著缺陷，其在水产养殖生产中的应用受到越来越严格的限制。近年来，国内外学者开展了大量关于安全高效的水产病害防治新药物和新方法的探索，其中就包括使用中草药作为免疫增强剂提高水产动物的免疫水平和抗病力。我国具有丰富的中草药资源和悠久的中草药研究与应用历史，研究开发和推广使用中草药免疫增强剂还具有成本低、天然环保、不产生耐药性等优势，既能有效解决抗生素等药物存在的耐药性和药物残留等问题，又有利于降低水产养殖成本和提高养殖效益，因而在水产病害防治方面具有广阔的研究应用前景。不过，目前有关鱼用中草药免疫增强剂的筛选与使用仍主要借鉴其在人类和陆生动物研究与应用的经验，已有的研究也主要集中于应用效果分析以及对鱼体个别免疫指标或免疫相关基因的影响上，从细胞和转录组水平全方位揭示中草药免疫增强剂对鱼类免疫系统的调控机制的研究仍十分缺乏。

棕点石斑鱼是我国南方沿海地区近年发展起来的养殖新品种，由于其肉质好、口感佳、养殖效益高，养殖发展十分迅速，已成为目前海南各地主要的石斑鱼养殖种类之一。然而，在海南各地近年来的棕点石斑鱼养殖中，每年都要发生较严重的养殖棕点石斑鱼暴发性疾病，病害已成为制约棕点石斑鱼养殖的最主要因素之一。为了有效控制养殖棕点石斑鱼暴发性流行病的发生和蔓延，在保障其产品质量的前提下提高其养殖成活率，本项目拟在课题组已有相关研究的基础上，研究黄柏、墨旱莲、鸡血藤 3 种中草药免疫增强剂对棕点石斑鱼非特异性免疫力及抗病力的影响；利用高通量测序技术获得经这 3 种中草药免疫增强剂诱导后的棕点石斑鱼头肾中特异表达的基因信息；研究确定中草药免疫增强剂诱发棕点石斑鱼表达的关键免疫相关通路及免疫相关基因，为研究棕点石斑鱼对中草药免疫增强剂作用的分子应答机制和推动我国南方沿海地区棕点石斑鱼养殖的可持续健康发展奠定基础。

第2章 3种中草药对棕点石斑鱼生长、非特异性免疫及抗病力的影响

鱼类是较低等的脊椎动物，虽然具有特异性免疫，但与哺乳类脊椎动物相比，其特异性免疫机制还不够完善，因此也更依赖于非特异性免疫机制来抵抗病原体的侵袭（Bergljót，2006）。通过提高鱼类非特异性免疫力而提高其抗病力，以促进其健康养殖发展就显得尤为重要。非特异性免疫发挥作用快，作用范围广，是鱼类抵御外来病害入侵的第一道防线。免疫增强剂（Immunostimulants）是一类作用于动物非特异性免疫系统，能够增强动物机体免疫力而提高抗病力的物质，包括中草药、益生菌或维生素等多种类型。中草药免疫增强剂不仅具有免疫调节、抗病原和营养等多重作用，而且还有来源广泛、价格低廉、无药物残留、绿色环保等特点，近年来在鱼类病害防治中得到了越来越多的研究和应用（黄小丽和邓永强，2004；王海华，2004）。本课题组前期对棕点石斑鱼中草药免疫增强剂体外筛选研究结果显示，从39种中草药中筛选出鸡血藤、黄柏和墨旱莲3种中草药能够同时提高棕点石斑鱼离体白细胞氧呼吸暴发活性和吞噬活性，是优良的棕点石斑鱼候选中草药免疫增强剂（孙晓飞等，2015）。本书将在该研究的基础上，通过拌料投喂鸡血藤、墨旱莲和黄柏3种候选免疫增强剂，检测它们对棕点石斑鱼生长、非特异免疫功能和抗病力的影响，初步探索这3种中草药调节鱼类非特异性免疫功能和抗病力的作用机理，为棕点石斑鱼安全高效的中草药免疫增强剂筛选和优化奠定基础。

2.1 材料与方法

2.1.1 实验材料及其前期处理

棕点石斑鱼（*Epinephelus fuscoguttatus*）：购自海南儋州某海水鱼类养殖场，体重为（27.24±3.76）g的健康个体，充氧运输至本实验室合作基地——儋州蓝色海洋科技有限公司峨蔓基地的水产动物养殖实验室，以80 cm×80 cm（直径×高）的圆柱形玻璃钢桶暂养，24 h连续充气。每天8：00和17：00投饵2次，日投喂量约

为鱼体重的 2%，并根据摄食情况适当调整。每次投喂结束 2 h 内用虹吸法及时吸出残饵和粪便。实验期间保持平均水温（26±2）℃，盐度 30，溶解氧大于 5.7 mg/L，氨氮含量小于 0.1 mg/L，亚硝酸盐含量小于 0.064 mg/L。经 1 周暂养后用于各项实验。

中草药：鸡血藤（*Spatholobus suberectus*）、墨旱莲（*Eclipta prostrata*）和黄柏（*Phellodendron amurense*）3 种中草药均购自海南省海口市某中药店。将 3 种中草药分别置于 60℃烘箱烘烤 8 h。烘干后，用高速粉碎机（型号 NNJ-100，浙江省永康市景雄不锈钢制品厂）粉碎后过 40 目筛，制得 3 种中草药粉末。参照孙晓飞等（2015）提取方法获得生药含量为 0.1 g/mL 的中草药常温浸泡提取液，每种中草药粉末都进行如下操作：称取 40 g 药末，置于 1 L 三角瓶中，加去离子水 400 mL，混匀，室温振荡浸泡 72 h，再 8 500×*g* 离心 10 min，取上清液，过 0.22 μm 无菌滤膜，得到生药含量为 0.1 g/mL 的中草药常温浸泡提取液，于 4℃冰箱内保存备用。

哈氏弧菌（*Vibrio harveyi*）：为本实验室从海南患病石斑鱼中分离的致病菌株，以 25%甘油于-80℃环境下保存（Xu et al.，2017）。

石斑鱼饲料：棕点石斑鱼基础饲料制作参考 Wang 等（2016a）并稍加调整而成。根据表 2.1 将基础饲料各成分按比例混合均匀后，加入适量的水，搅拌均匀后制成团，以压面机挤成直径 2 mm 的饲料条，日晒或使用 55℃烘箱烘干后搓碎制成直径约为 2 mm 的硬颗粒状饲料，放入自封袋内，于 4℃冰箱内保存备用。为保证质量，基础饲料每周制备一次，用于当周使用。

表 2.1 实验用棕点石斑鱼基础饲料及其配方

Table 2.1 Formulation and nutrients composition of basal diet for *Epinephelus fuscoguttatus*

成分名称	百分率/%
鱼粉[a]	45
酪蛋白[b]	21
鱼油[c]	4.5
大豆油[d]	4.5
玉米淀粉[e]	17.2
维生素矿物质预混料[f]	2
氯化胆碱	0.3
纤维素	1.5
羧甲基纤维素钠	2

营养成分（干重）	百分率/%
水分	5.63
粗蛋白质	51.16
粗脂肪	13.45
灰分	7.41
总能量[g]（kJ/g 饲料）	20.34

注：[a]购自 TASA, Tecnologica De Alimentos S. A. Ltd. , 秘鲁；

[b]购自安泰生物科技有限公司，深圳，中国；

[c]购自嘉里粮油有限公司，上海，中国；

[d]购自安泰生物科技有限公司，深圳，中国；

[e]购自玉锋实业集团有限公司，邢台，中国；

[f]维生素矿物质预混料（每千克预混料含）：维生素 A，800 KIU；维生素 D_3，160 KIU；维生素 E，16 g；维生素 K_3，800 KIU，4 mg；维生素 B_1，1.6 g；维生素 B_2，1.6 g；维生素 B_6，1.6 g；维生素 B_{12}，0.8 mg；维生素 C，16 g；烟酰胺，8 g；泛酸，4.0 g；叶酸，400 mg；生物素，80 mg；氯化胆碱，48 g；铜，2 g；铁，7.2 g；镁，2.33 g；钴，5 mg；碘，50 mg；锌，8 g；硒，10 mg；肌醇，16 g。

药饵制备：按每千克基础饲料添加 100 mL 中草药提取液的添加量，将中草药提取液均匀喷洒至基础饲料表面，进一步充分混匀后阴干，得到生药量为 1% 的中草药添加饲料（药饵），于 4℃ 冰箱内保存。为保证药饵质量，每次制备药饵的使用期为 1 周。

2.1.2 实验设计

本实验共设 3 个实验组和 1 个对照组，每组 3 个平行小组。棕点石斑鱼经 1 周暂养适应后，停食 1 d，每个小组随机投放实验鱼 40 尾，以 80 cm×80 cm（直径×高）的圆柱形玻璃钢桶连续 24 h 充气养殖，实验鱼的投饵方式和水质控制要求与暂养时相同。其中，3 个实验组的棕点石斑鱼按组分别投喂拌有不同中草药的饲料，对照组投喂不含中草药的基础饲料，日投喂量为鱼体重的 2%。连续投喂养殖 1 周、2 周、4 周和 8 周后，分别对各实验组及对照组进行采样并攻毒，每组随机取出实验鱼 21 尾，其中 9 尾（3 尾/平行）用于抽血及头肾、肝、脾采样，12 尾用于攻毒实验，检测 3 种中草药投喂棕点石斑鱼不同时间后对其非特异性免疫功能及抗病力的影响。

2.1.3　生长性能、肝体比和脾体比的测定

在实验开始前和开始后的第 56 天，对实验组和对照组的所有实验鱼测量体长体重。试验开始后的第 7 天、第 14 天、第 28 天、第 56 天分别从 3 个实验组和 1 个对照组中随机捞取实验鱼 9 尾/组（3 尾/平行小组），立即投入到含有 150 mg/L MS-222 的海水中进行快速深度麻醉，分别测量体长和体重，并进行尾静脉采血。采血后，于无菌操作台内将肝、脾取出，分别称重。最后依据体长、体重、肝重量、脾重量计算增重率（Weight Gain Rate，WGR,%）、特定生长率（Specific Growth Rate，SGR,%/d）、肝体比（Hepatosomatic Index，HSI,%）和脾体比（Spleensomatic Index，SSI,%）。

计算公式如下：

增重率（Weight Gain Rate，WGR,%）＝（$W_t - W_0$）/$W_0 \times 100$；

特定生长率（Specific Growth Rate，SGR,%/d）＝（$\ln W_t - \ln W_0$）/$t \times 100$；

肝体比（Hepatosomatic Index，HSI,%）＝$W_h / W_t \times 100$；

脾体比（Spleensomatic Index，SSI,%）＝$W_s / W_t \times 100$；

式中：W_0 为鱼体初始体重（g）；W_t 为鱼体终体重（g）；W_h 为肝重量（g）；W_s 为脾重量（g）；t 为养殖时间（d）。

2.1.4　头肾巨噬细胞呼吸暴发的测定

分别在实验开始后的第 7 天、第 14 天、第 28 天、第 56 天采样。本研究所用的头肾样品为 2.1.3 中各组实验鱼类经采血后，于超净工作台中将头肾取出，用于头肾巨噬细胞呼吸暴发活性测定。

2.1.4.1　巨噬细胞的制备

按照 Harikrishnan（2010c）的方法制备头肾巨噬细胞，具体操作过程如下。

（1）在无菌操作台中取出鱼的头肾，放入含有 1 mL 新鲜 L-15 培养液的 5 mL 灭菌离心管当中，置于冰上，用无菌镊子将头肾组织夹碎，过 100 目尼龙筛网，过滤后得到的液体转入 50 mL 灭菌离心管中。用 0.5 mL L-15 培养液再次冲洗尼龙网，得到的滤液与第一次过滤得到的滤液合并，制成细胞悬液。

（2）在无菌 1.5 mL 离心管中，先加入 51% 的 Percoll 200 μL，然后从上方缓慢加入 800 μL 细胞悬液，再从上方缓慢加入 34% 的 Percoll 200 μL。4℃、$400 \times g$ 离心 30 min。

（3）用移液枪（1 mL）将处于 34% 与 51% 的界面层之间的细胞层（即巨噬细胞层，20~100 μL），转移到新的无菌 1.5 mL 离心管中，加入 1 mL 新鲜 L-15 培养液，800×g 离心 10 min。

（4）弃上清液，加入 1 mL 的 L-15 培养液重悬，800×g 离心 10 min。

（5）重复上述操作 1 次。

（6）弃上清液，根据巨噬细胞沉淀的量加入 200~600 μL 新鲜 L-15 培养液重悬。

（7）用血球计数板计数每个样品，并用新鲜 L-15 培养液将细胞悬液调整至浓度 2×10^6 cells/mL 用于呼吸暴发检测。

细胞活力的检测：将细胞悬液 30 μL 与 30 μL 0.4% 台盼蓝溶液混合，3 min 后在光学显微镜下镜检（目镜×10，物镜×40）。5 min 内，被染成蓝色的细胞为没有活力的细胞。用 L-15 培养液调整细胞浓度为 2×10^6 cells/mL。

2.1.4.2 巨噬细胞呼吸暴发的检测

参考 Secombes（1990）并略加修改，具体过程如下。

（1）在 96 微孔板上加入细胞浓度为 2×10^6 cells/mL 的 100 μL 巨噬细胞悬液，室温孵育 1 h。

（2）去除上清液，加入浓度为 0.2% 的 NBT（硝基蓝四氮唑）100 μL，室温孵育 1 h。

（3）去除上清液，加入 100% 的甲醇 100 μL。

（4）3 min 后，去除上清液，加入 70% 的甲醇 100 μL。

（5）去除上清液，于室温下晾干。

（6）待干燥后，加入浓度为 2 mol/L 的 KOH 溶液 120 μL 和 DMSO（二甲基亚砜）140 μL，用排枪吹打混匀至充分溶解，以 KOH/DMSO 为空白测定 OD620。

2.1.5 血清非特异性免疫指标的测定

本研究所用血液为 2.1.3 中各组实验鱼类经测量体长和体重后所采集的样品，在实验开始后的第 7 天、第 14 天、第 28 天、第 56 天分别采样并检测一次。采样时将实验鱼的尾部用 75% 酒精消毒，以一次性无菌注射器进行尾静脉采血，每尾鱼取约 500 μL 血液置于离心管中，室温静置 1 h 后，于 4℃ 冰箱中静置过夜，800×g 离心 15 min，得到上层血清。将每个小组中采集的 3 条鱼的血清等比例混合为一个样，因此每组有 3 个平行样血清。−80℃ 保存并用于后续各项血清非特异免疫指标的测定。

超氧化物歧化酶（SOD）、总补体（CH50）、过氧化氢酶（CAT）和碱性磷酸酶（AKP）均采用南京建成生物工程研究所生产的试剂盒测定。

超氧化物歧化酶（SOD）：采用黄嘌呤氧化酶法测定。定义每毫升血清中使 SOD 抑制率达 50% 时所对应的酶量为 1 个活力单位（U）。结果以 U/mL 表示。

总补体（CH50）：采用酶联免疫分析法测定。用酶标仪在 450 nm 波长下测定吸光值，再通过标准曲线计算样品中 CH50 的浓度。结果以 U/mL 表示。

过氧化氢酶（CAT）：采用可见光法测定。用分光光度计在 405 nm 处测定对照管与测定管的吸光值变化量，即可计算出样品中 CAT 的活力。定义每毫升血清每秒分解 1 μmol 的 H_2O_2 的量为一个活力单位（U）。结果以 U/mL 表示。

碱性磷酸酶（AKP）：采用微量酶标法测定。定义每 100 mL 血清在 37℃ 与基质作用 15 min 产生 1 mg 酚为 1 个金氏单位。结果以金氏单位/100 mL 表示。

2.1.6　免疫保护效果检测

分别于饲养实验开始后的第 7 天、第 14 天、第 28 天、第 56 天，从各实验组随机取 12 尾鱼（4 尾/平行小组）进行攻毒实验。攻毒菌株为本实验室分离并保存的石斑鱼致病菌哈维氏弧菌（Xu et al.，2017），按 1.65×10^8 CFU/mL 浓度对实验鱼进行腹腔注射攻毒，0.1 mL/尾，每 2 h 记录一次死亡数，共记录 36 h，计算累积死亡率（Cumulative Mortality）。

累积死亡率（%）= 某组鱼攻毒后死亡总数/同一组鱼攻毒总数×100

相对保护率（%）=（1–实验组死亡数量/对照组死亡数量）×100

2.1.7　数据处理与统计分析

数据采用 SPSS11.5 软件进行单因素方差分析（One-Way ANOVA），差异显著（$P<0.05$）时用 Duncan's 检验进行多重比较分析。统计数据以平均值±标准差的形式表示。

2.2　结果与分析

2.2.1　3 种中草药对棕点石斑鱼生长、肝体比和脾体比的影响

棕点石斑鱼经 56 d 连续分别拌料投喂鸡血藤、墨旱莲和黄柏后，对棕点石斑鱼生长、肝体比和脾体比的影响见表 2.2。结果表明，各组存活率均在 90% 以上，无

显著差异（$P>0.05$）。尽管墨旱莲组的增重率与特定生长率都显著高于鸡血藤组和黄柏组，但与对照组相比，各中草药添加组的增重率和特定生长率都无显著差异（$P>0.05$）。肝体比、脾体比在各中草药添加组和对照组之间无显著差异（$P>0.05$），表明所使用的鸡血藤、墨旱莲和黄柏 3 种中草药对棕点石斑鱼的生长、肝体比和脾体比均无显著影响。

表 2.2　3 种中草药对棕点石斑鱼生长的影响（56 d）

Table 2.2　Effect of three Chinese medicinal herbs on growth of *E. fuscoguttatus*（56 d）

指标	墨旱莲组 M	鸡血藤组 J	黄柏组 H	对照组 C
初体重/g	25.61±4.52[a]	27.34±3.82[b]	27.32±3.74[b]	28.14±2.84[b]
末体重/g	38.24±7.49[a]	37.97±7.96[a]	38.24±7.49[a]	40.92±7.39[a]
初体长/cm	11.33±0.70[a]	11.65±0.77[b]	11.44±0.57[ab]	11.47±0.64[ab]
末体长/cm	13.0±0.9[a]	12.8±0.9[a]	12.8±1.1[a]	13.3±0.9[a]
增重率/%	53.50±7.4[a]	38.70±6.22[b]	38.84±9.21[b]	45.70±6.27[ab]
特定生长率/（%·d⁻¹）	0.76±0.09[a]	0.58±0.08[b]	0.58±0.12[b]	0.67±0.08[ab]
脾体比/%	0.100±0.032[a]	0.114±0.033[a]	0.116±0.035[a]	0.131±0.051[a]
肝体比/%	1.992±0.556[a]	2.141±0.591[a]	1.663±0.387[a]	1.884±0.542[a]

注：数据为平均值±标准差（$n=19$），同一行数值间上标英文字母不同表示差异显著（$P<0.05$）。

2.2.2　3 种中草药对棕点石斑鱼头肾吞噬细胞呼吸暴发活性的影响

分别以鸡血藤、墨旱莲或黄柏 3 种中草药拌料投喂棕点石斑鱼后，对实验鱼头肾吞噬细胞的呼吸暴发活性的影响研究结果表明（表 2.3），墨旱莲组在连续投喂 7 d 后，与对照组无显著差异（$P>0.05$）；但连续投喂 14 d、28 d 和 56 d 后，墨旱莲组的头肾吞噬细胞呼吸暴发活性与对照组相比均显著降低（$P<0.05$）。鸡血藤组的头肾吞噬细胞呼吸暴发活性与对照组相比在 7 d、14 d 和 28 d 均呈现显著差异（$P<0.05$），但不同时间影响情况不同：第 7 天时头肾吞噬细胞呼吸暴发活性显著升高，而在第 14 天和第 28 天显著降低；在连续投喂 56 d 后却与对照组无显著差异（$P>0.05$）。黄柏组比对照组在第 7 天、第 14 天和第 28 天均有显著差异（$P<0.05$）：在第 7 天、第 14 天比对照组显著降低，在第 28 天比对照组显著升高；在连续投喂 56 d 后与对照组无显著差异（$P>0.05$）。由此可见，连续投喂 3 种中草药对棕点石斑鱼头肾吞噬细胞呼吸暴发活性的影响因种类和连续投喂时间不同而均有不同。随连续投喂时间的增加，墨旱莲对实验鱼头肾吞噬细胞呼吸暴发活性的影响为不断降低；鸡血藤为先升后降，之后持平；黄柏为先降后升，之后持平。

2.2.3　3 种中草药对棕点石斑鱼血清非特异性免疫指标的影响

2.2.3.1　超氧化物歧化酶 SOD

第 7 天和第 14 天各中草药添加组的 SOD 值与对照组相比均无显著差异（$P>0.05$）（表 2.4）。第 28 天除墨旱莲组与对照组相比 SOD 显著降低外（$P<0.05$），鸡血藤组、黄柏组均与对照组无显著差异（$P>0.05$）。第 56 天，各组 SOD 值均无显著差异（$P>0.05$）。

表 2.3　3 种中草药对头肾吞噬细胞呼吸暴发活性的影响

Table 2.3　Effect of three Chinese medicinal herbs on the respiratory burst of the head kidney phagocyte cells of *E. fuscoguttatus*

采样时间	墨旱莲组 M	鸡血藤组 J	黄柏组 H	对照组 C
第 7 天	0.079±0.018[ac]	0.166±0.106[b]	0.066±0.003[ab]	0.090±0.008[c]
第 14 天	0.169±0.134[a]	0.111±0.020[a]	0.128±0.011[a]	0.253±0.054[b]
第 28 天	0.172±0.022[a]	0.183±0.037[a]	0.304±0.026[b]	0.244±0.028[c]
第 56 天	0.120±0.009[a]	0.155±0.032[b]	0.133±0.009[ab]	0.153±0.013[b]

注：数据为平均值±标准差（$n=19$），同一行数值间上标英文字母不同表示差异显著（$P<0.05$）。

表 2.4　3 种中草药对棕点石斑鱼血清超氧化物歧化酶 SOD（U/mL）的影响

Table 2.4　Effect of three Chinese medicinal herbs on SOD（U/mL）of the blood serum of *E. fuscoguttatus*

采样时间	墨旱莲组 M	鸡血藤组 J	黄柏组 H	对照组 C
第 7 天	53.23±30.99[a]	52.59±27.05[a]	46.51±20.07[a]	54.30±37.40[a]
第 14 天	24.94±13.62[a]	14.85±4.92[a]	13.66±4.60[a]	13.03±7.09[a]
第 28 天	21.22±2.48[a]	34.13±5.37[b]	42.23±1.33[b]	33.82±6.13[b]
第 56 天	22.35±3.09[a]	21.76±4.54[a]	21.45±3.59[a]	19.75±4.03[a]

注：数据为平均值±标准差（$n=19$），同一行数值间上标英文字母不同表示差异显著（$P<0.05$）。

2.2.3.2　总补体 CH50

由表 2.5 可知，第 7 天各中草药添加组与对照组相比 CH50 值均无显著差异

（$P>0.05$）。第 14 天墨旱莲组、鸡血藤组比对照组 CH50 值显著下降（$P<0.05$），黄柏组比对照组 CH50 值显著上升（$P<0.05$）。第 28 天、第 56 天各组 CH50 值均无显著差异（$P>0.05$）。

表 2.5　3 种中草药对棕点石斑鱼血清总补体 CH50（U/mL）的影响

Table 2.5　Effect of three Chinese medicinal herbs on CH50（U/mL）of the blood serum of *E. fuscoguttatus*

采样时间	墨旱莲组 M	鸡血藤组 J	黄柏组 H	对照组 C
第 7 天	2 867.89±105.26[a]	2 917.57±579.49[a]	3 086.84±621.17[a]	2 875.45±745.38[a]
第 14 天	4 355.12±817.25[a]	4 186.40±1 126.38[a]	14 207.19±3 560.24[b]	9 365.16±684.63[c]
第 28 天	3 685.36±722.36[a]	3 770.58±439.33[a]	3 957.57±422.47[a]	3 798.86±411.13[a]
第 56 天	3 532.46±202.80[a]	3 164.40±571.82[a]	3 328.25±212.75[a]	3 203.61±252.65[a]

注：数据为平均值±标准差（$n=19$），同一行数值间上标英文字母不同表示差异显著（$P<0.05$）。

2.2.3.3　过氧化氢酶 CAT

由表 2.6 可知，第 7 天、第 14 天各中草药添加组的 CAT 值与对照组相比均无显著差异（$P>0.05$）。第 28 天鸡血藤组比对照组 CAT 值显著降低（$P<0.05$），其他中草药添加组的 CAT 值与对照组相比无显著差异（$P>0.05$）。第 56 天墨旱莲组比对照组 CAT 值显著降低（$P<0.05$），其他中草药添加组的 CAT 值与对照组相比无显著差异（$P>0.05$）。

表 2.6　3 种中草药对棕点石斑鱼血清过氧化氢酶 CAT（U/mL）的影响

Table 2.6　Effect of three Chinese medicinal herbs on CAT（U/mL）of the blood serum of *E. fuscoguttatus*

采样时间	墨旱莲组 M	鸡血藤组 J	黄柏组 H	对照组 C
第 7 天	32.97±19.42[a]	20.17±4.35[a]	22.73±3.76[a]	25.90±2.13[a]
第 14 天	88.89±2.75[a]	88.14±7.06[a]	89.79±3.16[a]	88.59±4.46[a]
第 28 天	9.94±2.75[ab]	2.48±0.96[a]	9.64±6.46[ab]	18.37±5.5[b]
第 56 天	7.08±2.94[a]	35.00±6.07[ab]	33.76±28.02[ab]	47.43±17.16[b]

注：数据为平均值±标准差（$n=19$），同一行数值间上标英文字母不同表示差异显著（$P<0.05$）。

2.2.3.4　碱性磷酸酶 AKP

由表 2.7 可知，第 7 天、第 14 天各中草药添加组的 AKP 值与对照组相比均无显著差异（$P>0.05$）。第 28 天各中草药添加组的 AKP 值比对照组均显著降低（$P<0.05$）。第 56 天墨旱莲组、鸡血藤组与对照组相比无显著差异（$P>0.05$），但黄柏组比对照组 AKP 值显著升高（$P<0.05$）。

表 2.7　3 种中草药对棕点石斑鱼血清碱性磷酸酶 AKP（金氏单位/100 mL）的影响

Table 2.7　Effect of three Chinese medicinal herbs on AKP（Kim U/100 mL）of the blood serum of *E. fuscoguttatus*

采样时间	墨旱莲组 M	鸡血藤组 J	黄柏组 H	对照组 C
第 7 天	14.41 ± 3.69^a	13.51 ± 0.20^a	11.65 ± 0.35^a	12.51 ± 1.76^a
第 14 天	9.63 ± 3.27^a	10.78 ± 1.76^a	8.01 ± 1.01^a	8.49 ± 1.67^a
第 28 天	3.23 ± 1.59^a	6.35 ± 0.97^b	5.65 ± 1.73^{ab}	9.34 ± 0.71^c
第 56 天	7.18 ± 0.66^a	8.23 ± 1.46^{ab}	10.73 ± 1.29^b	4.93 ± 3.74^a

注：数据为平均值±标准差（$n=19$），同一行数值间上标英文字母不同表示差异显著（$P<0.05$）。

综上所述，第 1 周中草药的添加并未对棕点石斑鱼血清各免疫指标产生影响，从第 2 周起，虽然 SOD、CAT 和 AKP 值仍无明显变化，但各中草药对血清的 CH50 值产生显著影响，且各不相同。连续投喂 4 周后，不同中草药对血清 CH50 值的影响消失，这个趋势保持至第 8 周。但从第 4 周起，不同中草药对血清 SOD、CAT 和 AKP 值的不同作用开始显现：墨旱莲使 SOD 值显著降低；各中草药都使 CAT 降低，鸡血藤尤为显著；各中草药都使 AKP 显著降低。持续投喂至第 8 周后，各中草药对 SOD 值和 CH50 值的影响消失，但 CAT 值各中草药组均低于对照组，其中墨旱莲组的 CAT 值显著低于对照组；各中草药对血清 AKP 值的影响则均从第 4 周的抑制作用转为增强作用，其中黄柏的增强作用显著。

2.2.4　3 种中草药对棕点石斑鱼抗病力的影响

3 种中草药分别持续投喂棕点石斑鱼 7 d、14 d、28 d、56 d 后，以致病性哈维氏弧菌攻毒的累积死亡率见图 2.1（a~d）。3 种中草药分别连续投喂 7 d 后，各中草药添加组在攻毒 6 h 内均无死亡，但 36 h 内的累积死亡率达到 60%~80%，其中以墨旱莲组的累积死亡率最低为 60%（图 2.1a），鸡血藤、黄柏和墨旱莲的相对保护率分别为 0.0%、0.0% 和 25.0%，可见连续投喂 7 d，除墨旱莲可提高棕点石斑鱼对哈维氏弧菌感染的抵抗力外，其他两种中草药并未对棕点石斑鱼的抗病力产生明显影响。连续投喂中草药 14 d 后，各中草药组的 36 h 累积死亡率分别为 70%（鸡血藤组）、50%（黄柏组）和 60%（墨旱莲组），均低于对照组的 90%（图 2.1b），相对保护率分别为 22.2%、44.4% 和 33.3%，说明连续投喂 14 d 后，3 种中草药均可有效提高棕点石斑鱼抵抗哈氏弧菌感染的能力。连续投喂 28 d 后，中草药添加组中鸡血藤组和墨旱莲组的 36 h 累积死亡率高于对照组（60%），分别达到 90% 和 80%；黄柏组的累积死亡率仍为最低（40%）（图 2.1c），鸡血藤、黄柏和墨旱莲的相对保护率分别为 -50.0%、33.3% 和 -33.3%。连续 56 d 投喂后，各中草药对棕点石斑鱼抗病力的调节作用发生了巨大变化：黄柏组的 36 h 累积死亡率由之前的最低变为最高（100%）；鸡血藤组与对照组持平，达到 80%；而墨旱莲组为最低，仅为 40%（图 2.1d），鸡血藤、黄柏和墨旱莲的相对保护率分别为 0.0%、-25.0% 和 50%。

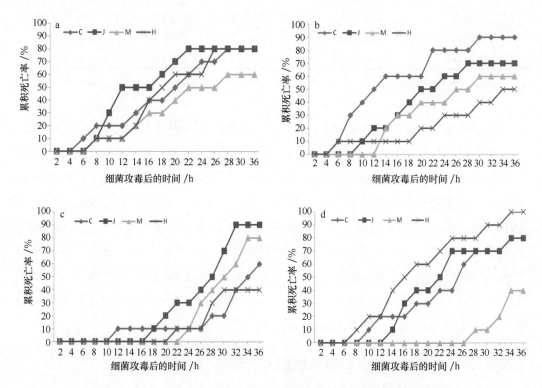

图 2.1　3 种中草药对溶藻弧菌攻毒后棕点石斑鱼累积死亡率的影响

a：连续投喂 7 d 后的攻毒结果；b：连续投喂 14 d 后的攻毒结果；c：连续投喂 28 d 后的攻毒结果；d：连续投喂 56 d 后的攻毒结果；C：对照组；J：鸡血藤组；M：墨旱莲组；H：黄柏组

Fig. 2.1　Cumulative mortality of brown grouper fed with diets supplemented with

different herbs after *Vibrio harveyi* challenge

a：Challenge results at 7 d；b：Challenge results at 14 d；c：Challenge results at 28 d；d：Challenge results at 56 d；C：control group，J：*Spatholobus suberectus* fed group，M：*Eclipta prostrata* L. fed group，H：*Phellodendron amurense* fed group

综上所述，3 种中草药提取液通过拌料投喂的方法，对棕点石斑鱼抵抗哈维氏弧菌感染能力均具有先增高后降低的趋势。其中，黄柏组在第 7 天、第 14 天、第 28 天和第 56 天后的相对保护率分别为 0.0%、44.4%、50.0% 和 -25.0%；鸡血藤的相对保护率分别为 0.0%、22.2%、-50.0% 和 0.0%；墨旱莲与其他两种中草药基本一致，在第 7 天、第 14 天和第 28 天的相对保护率为 25.0%、33.3% 和 -33.3%，不过连续投喂 56 d 后，其相对保护率达到 50.0%。由此可见，3 种中草药对棕点石斑鱼抗病力的调节作用在起效时间和持续作用时间等方面不同。

2.3　讨论

2.3.1　3 种中草药对棕点石斑鱼生长及肝体比、脾体比的影响

目前研究表明，一些中草药对水产养殖鱼类具有较好的促生长作用，如山楂、当归等对真鲷幼鱼具有显著的促生长作用（姜志强等，2008）；1% 的大蒜可以显著提高鲫的增重率（王永玲等，2002）；复方中草药添加剂（大蒜素和杜仲）按照 0.10% 添加饲喂 49 d 后，可显著提高细鳞鱼的生长速度（王春清等，2014）；按照 2% 剂量在饲料中添加鱼腥草细粉，在第 30 天、第 60 天和第 90 天均可显著提高草鱼幼鱼的增重率（谭娟等，2015）。不过，一些中草药对水产动物没有促生长效果，如刘铁铮等（2011）利用多种中草药制作了 3 个组方，其中两个组方的增重率与对照组相比无显著差异。郭萍萍等（2013）将白术、茯苓、大黄、甘草和山楂等 15 种中草复合为中草药制剂，按 0、0.05%、0.1% 和 1.5% 添加到饲料中，测试对大菱鲆生长的影响，当连续投喂 40 d 后，所有实验组均无促生长效果。本实验结果显示，在基础饲料中添加鸡血藤、墨旱莲、黄柏，投喂 56 d 后对棕点石斑鱼生长也没有促进作用。可见，不同种类中草药，对鱼类的促生长效果不同。

肝和脾在鱼类的免疫反应中具有重要作用。因此，肝体指数（肝体比）和脾体指数（脾体比）可以反映鱼类免疫功能的变化情况。本实验结果显示，尽管鸡血藤、墨旱莲、黄柏对棕点石斑鱼肝体比和脾体比的影响因中药种类和作用时间而不同，但差异并不显著，说明本书的 3 种中草药对棕点石斑鱼肝体比和脾体比均无显著影响。该研究结果与刘红柏等（2004）对黄芩、板蓝根、黄芪、茯苓、鱼腥草等中草药对鲤的研究结果相似，这些中草药虽然可以显著影响鲤的免疫功能，但对鲤各免疫器官指数的变化并未产生显著的影响。王庆奎（2012）的研究也表明，虽然当归多糖能显著提高石斑鱼非特异性免疫力和抗病力，但对脾体比和肾体比影响不

显著。林建斌等（2010）发现在中草药、酶制剂、半胱胺盐酸盐这 3 种饲料添加剂中，中草药对提高欧洲鳗免疫力的效果最好，但所用中草药对欧洲鳗的脏体比也未产生显著影响。不过，也有许多研究表明，在饲料中添加中草药可对鱼类的免疫器官产生不同的影响。孔江红等（2011）研究了两个中草药复方各 3 个浓度对斜带石斑鱼的非特异性免疫指标和脏体比的影响，发现有 3 个实验组斜带石斑鱼的非特异性免疫指标显著提高，其中有 1 组斜带石斑鱼的脾体比显著提高。也有研究发现，某些中草药会降低水产动物的脏体比指数。如添加板蓝根、大青叶、连翘、黄芪、藿香混合而成的中草药混合剂可有效提高军曹鱼的非特异性免疫，降低鲨鱼弧菌对军曹鱼的致死率，但随着剂量增加，肝体比和脏体比呈下降趋势（冯娟等，2012）。综上所述，中草药对鱼类的非特异性免疫作用的影响并不与免疫器官指数的增减直接相关，中草药作为饲料添加剂对鱼类的免疫器官的脏体指数的影响因中草药种类、浓度、作用时间以及作用对象不同而不同。

2.3.2　3 种中草药对棕点石斑鱼非特异性免疫指标的影响

2.3.2.1　吞噬细胞的呼吸暴发活性

吞噬细胞的呼吸暴发功能（Respiratory Burst）是一种吞噬细胞独有的利用活性氧（Reactive Oxygen Species，ROS）的氧化性杀灭病原菌的功能。由于吞噬细胞在吞噬异物的瞬间会出现耗氧量急剧增加的现象，因而称之为呼吸暴发。在此过程中产生的 ROS（包括 O_2^-、H_2O_2、$-OH$、$^1O_2$ 等）可以单独或同溶酶体酶等结合，抵挡病原微生物的入侵，是吞噬细胞吞噬功能的反应。因此，许多研究将吞噬细胞的呼吸暴发活性作为评价非特异性免疫功能的指标之一（葛海燕，2007）。

本实验发现，墨旱莲、鸡血藤、黄柏 3 种中草药对棕点石斑鱼头肾吞噬细胞呼吸暴发活性的影响各不相同。随着连续投喂时间的增加，墨旱莲对实验鱼头肾吞噬细胞呼吸暴发活性的影响表现为不断降低；鸡血藤对棕点石斑鱼呼吸暴发活性的影响则表现为先升后降，之后持平；黄柏为先降后升，之后持平。目前有少量关于中草药促进养殖鱼类吞噬细胞呼吸暴发活性的报道，如吴旋（2011）研究发现黄芪多糖、香菇多糖、枸杞多糖与灵芝多糖均能显著提高黄颡鱼头肾巨噬细胞的氧呼吸暴发活性。但迄今为止，尚未见关于鸡血藤、墨旱莲、黄柏这 3 种中草药对鱼类免疫器官吞噬细胞呼吸暴发活性的研究。仅见一篇关于墨旱莲多糖可显著提高小鼠巨噬细胞的吞噬功能的报道（许小华等，2010）。其结果也与本研究墨旱莲对棕点石斑鱼头肾吞噬细胞呼吸暴发活性降低作用的结果并不一致，推测原因可能是由于作用物种种类、中草药成分、测定指标、采样组织等不同造成的。综合本实验结果可知，鸡血藤、墨旱莲、黄柏这 3 种中草药对棕点石斑鱼头肾吞噬细胞呼吸暴发活性的影响随中草药的种类及作用时间而变化。

2.3.2.2　碱性磷酸酶

碱性磷酸酶（Alkaline Phosphatase，AKP）是一种膜结合蛋白，参与多种物质的跨膜转运（Lakshmi et al.，1991），对钙质吸收、骨骼形成、磷酸钙沉淀，以及机体所需的多种营养物质（如葡萄糖、酯类、蛋白质等）的吸收具有重要作用，是一种调节动物体生长与免疫的重要酶类（洪宁等，2007）。一般认为碱性磷酸酶活性的变化在一定程度上反映了动物吸收功能的变化（Villanueva et al.，1997）。因此，AKP 活力的增加往往伴随着动物生长性能的提升。如明建华（2011）的研究表明，大黄素和维生素 C 能使鱼体增重率、特定生长率以及血清中碱性磷酸酶（AKP）的水平同时显著提高。但本研究中各中草药添加组相对于对照组增重率的变化与其 AKP 水平的变化并未体现出明显的相关性，尽管墨旱莲组从始至终都是增重率最高的实验组，其增重率与对照组比较在第 7 天和第 28 天达到了显著差异水平；但其 AKP 水平仅在第 7 天为各组中的最高值，且与对照组相比并未达到显著差异。与本研究结果类似，周梦（2016）研究了乌梅与复方中草药对杂交鳢生长性能与非特异性免疫的影响，结果显示，尽管 0.5%复方添加组的增重率和特定生长率达到最大值，但其血清、肝和肌肉组织中的 AKP 活性与对照组相比均没有太大的变化。由此推测，生物的生长代谢包含了许多复杂的生理生化反应，其中涉及的酶数量众多，仅仅 AKP 的变化还不足以全面反映鱼类的生长性能。

AKP 的另一个功能被认为是免疫调节功能。但 AKP 活力的增加与免疫力的增加是正相关还是负相关还有一定争议。有研究认为正常情况下，AKP 活力很弱或没有活性，当机体出现炎症或发生病变时其活力都会升高（蒋锦坤，2012）。因此当木薯叶乙醇提取物使罗非鱼碱性磷酸酶活力降低并提高了图丽鱼的成活率时，木薯叶乙醇提取物被认为具有提高鱼体免疫力的作用（吕飞杰等，2015）。本实验的部分结果似乎也验证了这一理论，黄柏组的 AKP 值从第 28 天的显著低于对照组，而在第 56 天却显著高于对照组；相应地，其攻毒死亡率也从低于对照组变为高于对照组。不过，更多的研究认为，较高的 AKP 水平反映了较高的免疫力水平。如齐茜等（2012）的研究发现，复方板蓝根和甘草能同时提高西伯利亚鲟（*Acipenser baeri*）的血清 AKP 水平和免疫力。李霞等（2011）研究了防风、土茯苓、黄芪等中草药对牙鲆免疫力的影响，发现用药组的牙鲆对爱德华氏菌的抗病力显著高于对照组，而用药组牙鲆的血清 AKP 活力也随用药浓度和用药时间的增加而增多。苦地胆内酯对嗜水气单胞菌感染斑马鱼的抗病力影响机理研究表明，投喂苦地胆内酯含量为 1.6% 的饲料能显著提高斑马鱼肝 AKP 活性，并使斑马鱼攻毒后的存活时间显著增长（宋春雨，2012）。但也有研究显示，尽管柴胡对染病美国红鱼的相对免疫保护率达到 75%，但添加柴胡组的 AKP 活性与对照组并无显著差异（$P>0.05$）（马爱敏等，2009）。

因此，综合本书以及已有关于中草药对水产动物 AKP 影响的研究结果表明，中草药对鱼类等水产动物生长性能和免疫性能的影响很可能是众多复杂的生理生化反应共同作用的结果，AKP 作为一个单独的指标，并不能全面反映生物生长性能或免疫机能的变化。AKP 在鱼类生长及免疫中所起作用的详细机理还有待进一步的研究来探索和证实。

2.3.2.3 总补体

补体作为鱼类非特异性体液免疫系统的重要组成成分，是一组存在于鱼类血清中具有酶活性的球蛋白和细胞膜表面补体受体蛋白（Boshra et al. , 2006），在鱼类机体抵御外来病原微生物早期入侵过程中发挥着重要作用。补体的生物学功能既包括溶菌、溶解寄生虫等，也包括增强吞噬细胞吞噬活性，促进炎症反应等作用（李凌和吴灶和，2001；Lygren et al. , 2002）。因此，血清总补体（CH50）活性往往与溶菌酶活性正相关。周立斌等（2008a，2008b，2009a，2009b，2013）一系列有关鱼类 CH50 活性和溶菌酶活性影响研究结果表明，饲料中分别添加不同剂量的锌、维生素 E、维生素 C、维生素 A 后，随着添加剂量的提高，花鲈幼鱼或美国红鱼等实验鱼的增重率、血清 CH50 活性和溶菌酶活性都会得到显著提高；但当添加量超过某个极值后，实验鱼的增重率、血清总补体活性和溶菌酶活性的变化不再显著，或开始显著下降。蔡春芳（2004）的相关研究也表明，尽管饲料糖种类和水平不同会导致实验组青鱼和鲫的抗氧化能力的显著变化，但脾指数各组间没有显著差异。CH50 和溶菌酶活性在各组间差异都不显著。不过，也有研究发现，CH50 的变化趋势与溶菌酶以及机体的抗病力不完全相关。如葛海燕（2007）研究发现，尽管外源皮质醇可使血清 CH50 值和头肾吞噬细胞呼吸暴发功能显著性下降，但血清溶菌酶活性却显著升高。本研究的结果显示，第 7 天、第 28 天、第 56 天各中草药添加组与对照组相比，CH50 值均无显著差异（$P>0.05$）。第 14 天墨旱莲组、鸡血藤组比对照组 CH50 值显著下降（$P<0.05$），黄柏组比对照组 CH50 值显著上升（$P<0.05$）。然而第 14 天的攻毒结果显示墨旱莲、鸡血藤、黄柏组的累积死亡率都低于对照组，其中以黄柏组为最低，与 CH50 的变化并不完全对应。到第 28 天，攻毒结果显示墨旱莲、鸡血藤累积死亡率高于对照组，黄柏组低于对照组。由此推测 CH50 的增加或降低具有一个滞后效应，第 14 天 CH50 值的变化在第 28 天各组的积

累死亡率中得到体现。不过，其他时间点虽然各组之间的 CH50 值无显著差异，但各组抗病力却存在差异。另外，本实验中各实验组的 CH50 值的变化与增重率的变化也无明显相关性。基于以上分析可见，包括中草药在内的免疫调节剂对鱼类免疫机能影响的机制是非常复杂的，不能仅从某一两个指标的升高或降低就定论该免疫调节剂对鱼体免疫机能是促进还是抑制。

2.3.2.4　超氧化物歧化酶与过氧化物酶

正常需氧细胞的代谢过程会连续不断地产生许多活性氧自由基，适量的活性氧自由基对生物机体有积极作用，如参与生物活性物质合成、解毒及杀菌等；但若自由基过多，就可导致严重的机体损伤，如脂质过氧化反应，糖和蛋白质硫醇的氧化，DNA 碱基的损伤及核酸链的断裂等（王可宝，2011）。需氧生物在进化过程中发展出的抗氧化酶系统可清除过多的自由基，保护机体免受氧的毒害。超氧化物歧化酶（Superoxide Dismutase，SOD）和过氧化物酶（Catalase，CAT）是抗氧化酶系统中的两个重要的抗氧化酶。SOD 广泛存在于生物体内，它能消除生物体内新陈代谢过程中产生的氧自由基 O_2^-，将 O_2^- 自由基转化为过氧化氢，进而由过氧化氢酶分解，因此可以将自由基保持在一个较低水平，保护功能大分子不被氧化破坏（李培峰和方允中，1994；李敬玺等，2007；吴燕燕等，2007）。CAT 是水产动物的重要抗氧化防御因子，它能催化 H_2O_2 等生成水和氧气，防止自由基对细胞的毒害。此外，CAT 还能通过催化 H_2O_2 和 Cl^- 生成 HClO 而起到抑菌作用（牛红军等，2012）。

大量鱼类免疫增强剂研究报道表明，SOD/CAT 活力与鱼体免疫力呈正相关关系，如李金龙等（2013）发现，1.0% 复方中草药组黄鳝的成活率显著高于对照组（$P<0.05$），其 SOD、CAT 等指标也显著高于对照组（$P<0.05$）。明建华（2011）发现大黄素能够显著降低团头鲂的应激死亡率，同时也使团头鲂肝的 SOD、CAT 活性显著升高。本实验结果显示，在第 28 天鸡血藤组比对照组 CAT 值显著降低（$P<0.05$），墨旱莲组与对照组相比 SOD 显著降低（$P<0.05$），黄柏组 SOD、CAT 值均与对照组无显著差异（$P>0.05$）。第 28 天的攻毒结果显示，各组中鸡血藤组的累积死亡率最高，为 90%，其次为墨旱莲组（80%）。黄柏组则最低，为 40%。可见，连续投喂 28 d 后，鸡血藤、墨旱莲降低了棕点石斑鱼的血清抗氧化能力，从而导致棕点石斑鱼对哈维氏弧菌的抗感染能力下降。

不过，也有研究显示，不同中草药、不同浓度剂量，对鱼类生长、免疫调节存在差异，如李金龙等（2013）的研究认为虽然 2.0% 复方中草药添加组也能显著提高黄鳝的成活率，但其 SOD 水平并无明显升高；明建华（2011）也发现，维生素 C 能显著降低鱼体的死亡率，提高 SOD 活性，但对 CAT 活性无显著提高作用。还有研究表明，尽管在慢性氨氮胁迫下黄颡鱼肝中的 SOD、CAT 水平显著下降，其感染嗜水气单胞菌后的累积死亡率与对照组相比并无显著差异（黎庆等，2015）。本研究也表明，虽然第 7 天、第 14 天、第 56 天各组攻毒死亡率各不相同，但在这些采样时间点各组的 SOD、CAT 值基本无显著差异。可见，尽管 SOD、CAT 是两个有着密切关系的非特异性免疫指标，但这两个指标之间，以及这两个指标与鱼体的生长、免疫性能、抗病力之间的关系是相当复杂的，并不是一成不变的。

第 3 章　3 种中草药作用下棕点石斑鱼头肾转录组测序与分析

　　棕点石斑鱼是我国重要的经济养殖鱼类，随着其养殖规模不断扩大和养殖密度持续增加（严俊贤等 2012；孔祥迪等，2014），疾病暴发日益频繁，经济损失严重（陈信忠等，2004；覃映雪等，2004；林克冰等，2014）。中草药作为绿色天然药物，具有来源多样、安全低毒、不易产生耐药性等特点，近年来，在鱼类病害防治中得到了越来越多的研究和应用（胡金城等，2016；王秀芹等，2016；徐丰都等，2016）。目前国内外已有大量关于中草药作为免疫增强剂作用于水产动物，用于水产疾病防治的报道（付亚成和肖克宇，2008；黄玉柳和黄国秋，2010；龙学军，2011；Bairwa et al.，2012；李华等，2013），多种中草药都被证实具有较好的提高水产养殖鱼类免疫力的效果，但这些中草药的具体作用机理尚不清楚。目前，有关中草药作用机理研究一般仅限于在细胞水平上对若干个与生长、消化、抗氧化性或免疫相关的生理生化指标的检测上（刘岳，2011；王家敏，2011；季延滨等，2012；盛竹梅等，2012；贾春红，2013；李华等，2013；王荻和刘红柏，2013；李梅芳等，2014；谭娟等，2015；姜志勇等，2016）。本书第 2 章从细胞水平研究中草药对棕点石斑鱼生长、非特异性免疫功能及抗病力的影响研究结果表明，中草药对鱼体的作用机制非常复杂，中草药的种类、浓度、作用时间及作用对象的不同都会引起鱼体内各指标的变化差异。此外，个别指标的高低与生长性能、抗病力之间也不是简单的正相关或负相关的对应关系。因此，单凭检测几个或十几个生理生化指标很难全面解释中草药对鱼体的生长和免疫调节作用的机理。

　　近 10 年来，随着荧光定量 PCR 技术的发展和普及，从基因水平开展中草药及其相关物质的作用机理与调控机制的研究报道越来越多（刘宏胜等，2001；王谦等，2001；王三龙，2003；董福慧等，2006；张建东等，2006；于琦和金光亮，2009；孙明瑜等，2011；张冬梅等，2012；孙晓蛟，2013；商云霞等，2015）。但有关中草药对养殖鱼类的分子调控机理的研究方面，仅见王家敏（2011）关于中草药对罗非鱼的 3 个免疫相关基因的表达调控的报道。为了从分子水平揭示鸡血藤、墨旱莲、黄柏对棕点石斑鱼的免疫调节作用机制，本研究采用转录组测序技术对投喂 3 种中药的棕点石斑鱼头肾进行高通量测序，构建棕点石斑鱼头肾转录组数据库，获得相关转录组序列信息，并进行基因功能注释和分类，以及几个关键免疫相关基因通路分析，以期为后续差异基因筛选、3 种中草药作用于棕点石斑鱼的分子机制的解析奠定基础。

3.1 材料与方法

3.1.1 实验材料

同 2.1.1。

3.1.2 实验设计

同 2.1.2。

3.1.3 棕点石斑鱼头肾样品采集

本书第 2 章的研究结果表明：不同实验组的棕点石斑鱼在连续饲喂中草药的第 7 天后抗病力差异不大，但第 14 天开始抗病力差异明显，而且各组间非特异性免疫指标的显著差异最早大都出现在第 14 天。同时，目前已有的硬骨鱼在中草药作用下差异基因峰值表达的时间特性，如吉富罗非鱼 $TNF\text{-}\alpha$、$IL\text{-}1\beta$ 和 $Hsp70$ 基因在 5 种组织中的表达量绝大部分在连续饲喂复方中草药的第 7 天就出现峰值（王家敏，2011），因此，本研究决定对实验开始后第 7 天的各组实验鱼（实验组及对照组）进行实验棕点石斑鱼头肾采样。

在实验开始后的第 7 天采样。采样时，分别从 3 个实验组和一个对照组随机捞取棕点石斑鱼 6 尾/组（2 尾/平行小组），以 150 mg/L 的 MS-222 快速深度麻醉。每尾鱼测量体长、体重，进行尾静脉采血后，在无菌操作台中将头肾取出，剪碎，投入液氮中速冻后，装入已标记好的冷存管，并迅速将冷存管投入装有液氮的液氮罐中保存。每尾鱼的头肾样品都单独用一个冻存管保存以用于后续头肾 RNA 的提取。每尾鱼的头肾总 RNA 都将进行单独提取并检测 RNA 质量检测。

3.1.4 棕点石斑鱼头肾总 RNA 提取

3.1.4.1 实验准备

电泳装置：电泳槽、梳子等清洗干净后，用酒精棉擦拭晾干。注意使用新鲜配制的电泳缓冲液；用于 RNA 电泳的电泳槽不与其他电泳槽混用。

器具处理：研钵、不锈钢药匙清洗干净后，自然晾干。使用前再次酒精棉擦拭晾干备用。所有离心管、枪头等耗材采用进口灭菌 RNase Free 离心管和枪头。

3.1.4.2　RNA 的提取

RNA 提取过程中，操作人员应佩戴一次性口罩、帽子、乳胶手套，避免外援 RNase 污染。提取操作按 TaKaRa MiniBEST Universal RNA Extraction Kit 试剂盒要求进行，具体步骤如下。

（1）将棕点石斑鱼头肾组织在盛有少量液氮的研钵中研磨成粉末，用液氮预冷过的不锈钢药匙取约 20 mg 头肾组织粉末，加入盛有 0.6 mL 裂解 Buffer RL 的 1.5 mL 灭菌离心管中，迅速振荡混匀。

（2）室温放置 5 min，将裂解液在 12 000 r/min，4℃条件下离心 5 min。

（3）吸取上清液到新的 1.5 mL RNase Free 离心管中。加入等体积的 70%乙醇（此时可能会出现沉淀），以移液枪小心反复抽吸混匀。

（4）将混合液（含沉淀）全部转入 RNA Spin Column（含 2 mL 收集管）中。12 000 r/min 离心 1 min，弃滤液。将 RNA Spin Column 放回到 2 mL 收集管中。

（5）取 500 μL 的 Buffer RWA 加入至 RNA Spin Column 中，12 000 r/min 离心 30 s，弃滤液。

（6）取 600 μL 的 Buffer RWB 加入至 RNA Spin Column 中，12 000 r/min 离心 30 s，弃滤液。

（7）配制 DNase Ⅰ 反应液：取 5 μL 10 ×DNase Ⅰ Buffer，4 μL Recombinant DNase Ⅰ（RNase free，5 U/μL），41 μL RNase free dH$_2$O 到新的 1.5 mL RNase Free 离心管中，混匀。

（8）DNase Ⅰ 消化：向 RNA Spin Column 膜中央加入 50 μL DNase Ⅰ 反应液，室温静置 15 min。然后向 RNA Spin Column 膜中央加入 350 μL 的 Buffer RWB，12 000 r/min 离心 30 s，弃滤液。

（9）重复操作步骤（5）。

（10）将 RNA Spin Column 重新安置于 2 mL 收集管上，12 000 r/min 离心 2 min。

（11）将 RNA Spin Column 安置于 1.5 mL 的 RNase Free 收集管上，在 RNA Spin Column 膜中央加入 50 μL 的 RNase Free dH$_2$O，室温静置 5 min，12 000 r/min 离心 2 min。RNA 将被洗脱至收集管管底。

3.1.5 棕点石斑鱼头肾总 RNA 样本的质量检测

3.1.5.1 RNA 琼脂糖凝胶电泳

（1）琼脂糖凝胶制备：组装好制胶模具，用 1 × TAE Buffer 制作 1% 琼脂糖凝胶，加入 5 μL GoldView（GV），轻轻摇匀，避免产生气泡。冷却至不烫手时倒胶。凝胶冷却后拔出梳子，将凝胶置于加有 1×TAE 缓冲液的电泳槽中。

（2）上样：用移液枪吸取棕点石斑鱼头肾总 RNA 样品 5 μL，与 1 μL 的 6 × Loading Buffer 混匀，然后小心加入凝胶的加样孔内。

（3）电泳：打开电源后调节电压至 100~150 V，跑胶时间约 20 min，待溴酚蓝跑至距凝胶正极 2/3 处停止电泳，断开电源。

（4）照相：将凝胶置于凝胶成像仪上观察、照相并记录 RNA 电泳条带。

3.1.5.2 Agilent Technologies 2100 Bioanalyzer 检测

所有 24 尾实验棕点石斑鱼的 RNA 分别提取完毕后，利用 Agilent Technologies 2100 Bioanalyzer 进行质量检测，检测标准为：RNA 样本完整性指数（RIN 值，RNA Integrity Number）在 9.0 以上，总量大于 20 ng，OD260/280 在 1.8~2.2，28S：18S 不小于 1.0。

3.1.6 RNA 样本池的混合与定义

为了保证转录组测序后得到参考基因组的全面性，将 4 组（包括 3 个实验组与 1 个对照组）共 24 尾鱼的 RNA 样品取等量，混合为一个池，用于棕点石斑鱼头肾转录组测序。

3.1.7 棕点石斑鱼头肾转录组 *de novo* 测序

棕点石斑鱼转录组的测序工作在华大基因研究院完成，主要内容如下。

（1）cDNA 测序文库的构建。用带有 Oligo（dT）的磁珠富集样品棕点石斑鱼头肾总 RNA。加入打断试剂（Fragmentation Buffer）并加热，将 mRNA 打断，再以乙醇沉淀法回收 mRNA 短片段。以这些 mRNA 短片段为模板，加入反转录酶、DNA 聚合酶和 dNTPs，六碱基随机引物（Random Hexamers）合成第一链 cDNA。然后加入缓冲液、dNTPs 和 DNApolymerase Ⅰ 合成第二链 cDNA。随后对合成的 cDNA 双链进行纯化回收，并利用 T4 DNA polymerase、Klenow DNA polymerase 和 T4 PNK 进行黏性末端修复。在 cDNA3′末端加 A 尾，并连接 Illumina 双端测序接头，2%的琼脂糖凝胶电泳后回收大小为（200±25）bp 的 cDNA 片段。最后以这些回收的 cDNA 片段为模板进行 PCR 富集得到最终的 cDNA 测序文库。

（2）测序数据质量评估与提交。棕点石斑鱼头肾测序首先得到的是以 fastq 文件格式存储的 raw reads。为了得到高质量的序列进行后续的组装和分析，需要对 raw reads 进行过滤，即去除含 adaptor 的 reads；去除 N（N 即碱基信息无法确定）大于 5%的 reads；去除低质量 reads（$Q \leqslant 10$ 的碱基数占总数的 20%以上）。最终得到高质量测序数据 clean reads，提交至美国生物信息学中心（National Center for Biotechnology Information，NCBI）的 SRA（Sequence Read Archive）数据库。

（3）转录组 *de novo* 组装。将得到的高质量测序数据 clean reads 使用短 reads 组装软件 Trinity（http：//TrinityRNASeq. sourceforge. net）（Grabherr et al.，2011；Haas et al.，2013）进行从头拼接，拼接过程中 k-mer 库中 $K = 25$，其余参数皆采用默认值。Trinty 组装后，进行去冗余、进一步拼接，并进行同源转录本聚类后，得到的 Unigene 分为两类：一类是 clusters（以 CL 开头），同一个 cluster 内包含若干条相似度较高的 Unigene；另一类是 Unigene（以 Unigene 开头），代表单独的 Unigene。

（4）Unigene 功能注释。以 *E-value* < 10^{-5} 为阈值，通过 BLASTX 软件（Altschul et al.，1997；Cameron et al.，2004），分别将 Unigenes 比对到蛋白数据库 NR（NCBI non-redundant protein database，ftp：//ftp. ncbi. nih. gov/blast/db/FASTA/nr. gz）、Swiss-Prot（Swiss-Prot protein database，http：//www. uriprot. org/downloads）、KEGG（Kyoto Encyclopedia of Genes and Genomes database，http：// www. genome. jp/kegg/）和 COG（Clusters of Orthologous Groups database，http：//www. ncbi. nlm. nih. gov/COG/），得到 Unigene 的蛋白功能注释和代谢通路注释信息。若从不同数据库得到的比对结果不一致，则按 NR、Swiss-Prot、KEGG 和 COG 的优先顺序决定该序列的比对结果。之后使用 Blast2GO 软件进行 Unigene 的 GO 功能注释（http：//www. geneontology. org/，Conesa et al.，2005），然后用 WEGO 软件进行 GO 功能分类统计（Ye et al.，2006），得到棕点石斑鱼头肾基因功能分布特征。

3.2 结果与分析

3.2.1 棕点石斑鱼头肾总 RNA 提取质量检测

3.2.1.1 琼脂糖凝胶电泳结果

为了得到尽可能多的棕点石斑鱼头肾转录组信息，实验中采集了 3 个实验组和一个对照组，每组 6 尾鱼，共 24 尾鱼的头肾，分别提取总 RNA。提取得到 RNA 用 1.5%的琼脂糖凝胶电泳分析，结果显示 28S、18S 带型清晰，且 28S 与 18S 电泳条带的亮度比大约为 2∶1（图 3.1），说明所提取的棕点石斑鱼头肾 RNA 比较完整。

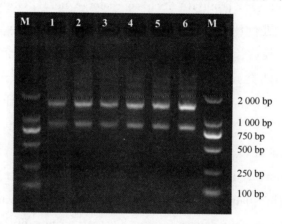

图 3.1　部分棕点石斑鱼头肾 RNA 样本琼脂糖凝胶电泳检测结果

M 为 DL 2000 DNA Marker，图中 1~6 依次对应样品为鸡血藤组 6 条鱼的头肾：J1~J6

Fig. 3.1　Part of agarose gel electrophoresis of the isolated *E. fuscoguttatus* headkidney RNA samples

M：DL 2000 DNA marker, Lane 1~6 represent RNA samples J1~J6

3.2.1.2 Agilent 2100 Bioanalyzer 检测结果

24 个棕点石斑鱼头肾 RNA 样本的 Agilent 2100 Bioanalyzer 质量检测结果如表 3.1 和图 3.2 所示。结果表明，所有 RNA 样本的 RIN 值都不小于 8.9，平均 RIN 值为 9.3。28S∶18S 值为 1.2~1.5，平均为 1.3。综合 RIN 值和 28S∶18S 值的结果，说明本研究所提取的棕点石斑鱼的头肾总 RNA 样本的质量较高，纯度、浓度和总量均符合后续建库测序要求。因此，将检测合格后的 24 个 RNA 样品等比例混合后用于棕点石斑鱼头肾转录组的建库和测序。

表 3.1　棕点石斑鱼头肾总 RNA 的质量检测结果

Table 3.1　The RNA quality test results of *E. fuscoguttatus* head kidney RNA samples

序号	样品名称	浓度/（ng·μL⁻¹）	体积/μL	总量/μg	RIN	28S/18S
1	J1	2 370	35	82.95	9.2	1.2
2	J2	1 088	40	43.52	9.4	1.3
3	J3	1 490	60	89.4	9.0	1.3
4	J4	1 218	40	48.72	9.1	1.2
5	J5	2 496	80	199.68	9.3	1.3
6	J6	1 971	60	118.26	9.0	1.2
7	M1	1 694	60	101.64	9.3	1.3
8	M2	2 106	80	168.48	9.0	1.2
9	M3	4 350	45	195.75	9.4	1.3
10	M4	1 530	80	122.4	9.4	1.2
11	M5	2 100	60	126	9.2	1.3
12	M6	1 800	80	144	9.7	1.5
13	H1	3 525	60	211.5	9.5	1.2
14	H2	3 045	80	243.6	9.7	1.3
15	H3	2 040	45	91.8	9.4	1.3
16	H4	2 618	60	157.08	9.3	1.2
17	H5	2 520	60	151.2	9.6	1.2
18	H6	1 781	50	89.05	9.6	1.4
19	C1	1 660	60	99.6	9.4	1.4
20	C2	1 020	40	40.8	9.2	1.3
21	C3	1 872	70	131.04	9.7	1.4
22	C4	1 204	40	48.16	9.5	1.4
23	C5	1 584	70	110.88	9.3	1.4
24	C6	900	50	45	8.9	1.2

注：J1~J6、M1~M6、H1~H6、C1~C6 依次分别代表鸡血藤组、墨旱莲组、黄柏组和对照组 6 个样品。

3.2.2　转录组测序结果

3.2.2.1　转录组测序数据产量与质量统计

通过对混合棕点石斑鱼头肾总 RNA 进行转录组测序，总共获得 raw reads 128 个、

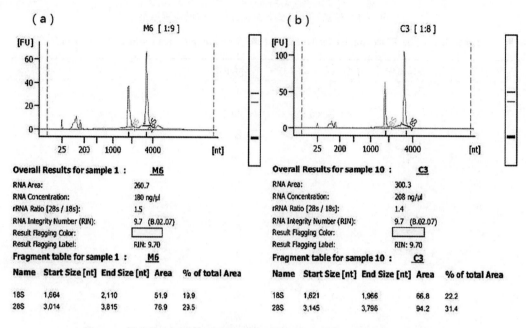

图 3.2 部分棕点石斑鱼头肾总 RNA 样品的 Agilent 2100 质量检测结果

（a）M6，墨旱莲组 6 号 RNA 样品；（b）C3，对照组 3 号 RNA 样品

Fig. 3.2 Part of the quality examination of the head kidney RNA samples used for

E. fuscoguttatus transcriptome sequencing by Aligent 2100 test.

（a）M6, the No. 6 sample in M group.（b）C3, the No. 3 sample in Control group

356 个和 856 个，经过滤后，产生 clean reads 共 117 142 700 条，clean nucleotides 10 542 843 000 个，其中碱基质量大于 20（Q20）的占据总体碱基的 97.88%，过滤后不确定的碱基的比例为 0.00%；过滤后碱基 G 和 C 数占总碱基数的比例为 51.09%（表 3.2）。以上结果显示，测序数据的产量和质量都较高，符合后续进行数据组装的要求。本研究的转录组测序数据已上传 NCBI SRA 数据库（accession numbers：PRJNA279332，SUB876485 和 SRX967630）。

表 3.2 棕点石斑鱼头肾转录组测序数据产量与质量统计

Table 3.2 **Summary of *Epinephelus fuscoguttatus* head kidney transcriptome sequencing**

样品	raw reads	clean reads	clean nucleotides	Q20/%	N/%	GC/%
棕点石斑鱼头肾	128 356 856	117 142 700	10 542 843 000	97.88	0.00	51.09

注：raw reads 为过滤前的 reads 数；clean reads 和 clean nucleotides 为过滤后的 reads 数以及碱基数；Q20（%）为过滤后质量不低于 20 的碱基的比例；N（%）为过滤后不确定的碱基的比例；GC（%）为过滤后碱基 G 和 C 数占总碱基数的比例。

3.2.2.2　测序数据组装结果分析

对棕点石斑鱼头肾测序数据的 clean reads 进行拼接组装，共获得 Contig 146 242 条，平均长度为 351 bp，N50 为 552；共得到 Unigene 序列 80 014 条，平均长度为 694 bp，N50 为 1 092。棕点石斑鱼头肾转录组拼接序列的长度分布结果见表 3.3。结果表明，长度分布在 100~500 个核苷酸的 Unigene 有 48 455 条，占总数的 60.56%；有 16 370 条 Unigene 长度为 500~1 000 个核苷酸，占总数的 20.46%；有 10 131 条 Unigene 长度在 1 000~2 000 个核苷酸，占总数的 12.66%；长度大于 2 000 个核苷酸的 Unigene 为 5 058 条，占总数的 6.32%。尽管拼接后得到的短序列（长度小于 500 个核苷酸）数量较多，但长度大于 500 个核苷酸的 Unigene 也有 26 501 条，占总数的 39.44%，长度大于 1 000 个核苷酸的 Unigene 有 10 131 条，占总数的 18.98%。因此，长度大于 500 个核苷酸的这 26 501 条 Unigene 应基本涵盖了棕点石斑鱼头肾在一定时期转录的全部 mRNA 信息。此外，Unigene 的长度分布特征也符合所预期的随机片段转录组特征。综合上述结果，说明本次测序已经有效捕获到了棕点石斑鱼头肾的大部分转录组信息。

表 3.3　棕点石斑鱼头肾转录组组装序列的质量与长度分布

Table 3.3　Quality and length distribution of assembled contigs and Unigenes by *Epinephelus fuscoguttatus* head kidney transcriptome sequencing

项目		Contig/条	Unigene/条
长度区间/bp	100~500	122 889	48 455
	501~1 000	13 632	16 370
	1 001~2 000	6 962	10 131
	>2 000	2 759	5 058
总数		146 242	80 014
总长度/bp		51 267 508	55 520 280
平均长度/bp		351	694
N50/bp		552	1 092

3.2.2.3　Unigene 功能注释结果

将组装好的棕点石斑鱼头肾转录组 Unigene 与 NR、Swiss-Prot、KEGG、COG 和 GO 五大数据库进行比对，统计注释到每个数据库的 Unigene 数量，结果为：注释到 NR 库上的基因为 39 026 个、Swiss-Prot 库的 33 616 个、KEGG 库的 27 457 个、

COG 库的 11 700 个、GO 库的 22 738 个（表 3.4）。

表 3.4 棕点石斑鱼头肾转录组 Unigene 功能注释结果统计

Table 3.4 Statistics of annotation results for *Epinephelus fuscoguttatus* head kidney transcriptome Unigenes

项目	Unigene/条	百分比/%
在 NR 库中得到注释 NR	39 026	48.77
在 NR 库中得到注释 Swiss-Prot	33 616	42.01
在 NR 库中得到注释 KEGG	27 457	34.32
在 NR 库中得到注释 COG	11 700	14.62
在 NR 库中得到注释 GO	22 738	28.42
在至少一个数据库中得到注释	49 901	62.37
总 Unigene 数	80 014	100.00

1）NR 注释

将组装得到的棕点石斑鱼头肾 Unigene 比对到非冗余蛋白数据库（NR）后，共获得与已知的蛋白具显著相似性的序列 39 026 个（占总 Unigene 数量的 48.77%）。对所有得到 NR 注释的棕点石斑鱼头肾 Unigene 的 E 值的分布进行分析后发现，32.5% 的 NR 注释 E 值小于 1e-100；26.4% 的 E 值在 1e-45～1e-100；41.1% 的 E 值在 1e-5～1e-45（图 3.3a）。NR 比对后得到的匹配序列对的相似度分析结果见图 3.3b，60.1% 的匹配序列对的相似度大于 80%；相似度在 60%～80% 的占所有匹配序列对的 21.9%，其余的匹配序列对的相似度为 60%～17%，共占 18.0%。NR 注释的物种分布结果显示，有 52.1% 的匹配序列来源自物种尼罗罗非鱼（Nile tilapia，*Oreochromis niloticus*），其次为日本青鳉（*Japanese medaka*，占 12.7%），之后依次为红鳍东方鲀（*Fugu rubripes*，占 12.2%）、黑绿四齿鲀（*Tetraodon nigroviridis*，占 5.4%）、海鲈（*Dicentrarchus labrax*，占 5.4%）和斑马鱼（*Brachidanio rerio*，占 2.5%）等（图 3.3c）。其中，与棕点石斑鱼同属的斜带石斑鱼（*Epinephelum coioides*）仅排在第 10 位，推测其原因主要可能是目前斜带石斑鱼已有的序列信息较少，在 NCBI 中的参考序列仅为 3 270 条，远远少于尼罗罗非鱼（1 491 904 条）、日本青鳉（1 328 738 条）、红鳍东方鲀（128 730 条）等物种，因此比中的相似基因数量偏少，排序位置靠后。为了更准确地从序列相似性的角度反映出被测物种与其他物种的进化亲缘关系，对排序的依据做了一定调整，将比中基因数与 NCBI 中已有参考序列数的比值，即比中率（Hit Ratio）作为排序依据，对物种分布进行重新排序，发现斜带石斑鱼以最高比中率 12.3% 排在第一位（表 3.5）。因此，NR 注释的物种相似性分布图虽然在一定程度上反映出被测物种与其他物种的进化亲缘关系，但也受目前数据库中已知序列信息量的影响。

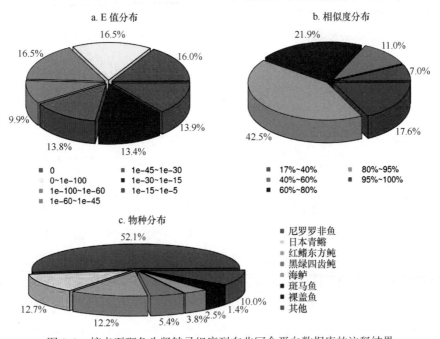

图 3.3　棕点石斑鱼头肾转录组序列在非冗余蛋白数据库的注释结果

a：最佳比中序列的 E 值分布图，阈值为 1.0e-5；b：最佳比中序列的相似度分布图，阈值为 1.0e-5；c：最佳比中序列的物种分布图，阈值为 1.0e-5

Fig. 3.3　NR annotation of *E. fuscoguttatus* head kidney Unigenes

a：E-value distribution of best hits with a cutoff E-value of 1.0e-5；b：Similarity distribution of best hits with a cutoff E-value of 1.0e-5；c：Species distribution of best hits with a cutoff E-value of 1.0e-5

表 3.5　NR 注释比中率最高的 10 个物种排序

Table 3.5　Rankings of top-hit species based on the hit ratio of NR annotation

排序	物种	比中基因数	参考基因总数	比中率/%
1	*Epinephelum coioides*	401	3 270	12.3
2	*Fugu rubripes*	4 761	128 730	3.7
3	尼罗罗非鱼 *Oreochromis niloticus*	20 334	1 491 904	1.4
4	海鲈 *Dicentrarchus labrax*	1 480	190 960	0.78
5	黑绿四齿鲀 *Tetraodon nigroviridis*	2 096	306 929	0.68
6	裸盖鱼 *Anoplopoma fimbria*	537	117 540	0.46
7	青鳉 *Oryzias latipes*	4 939	1 328 738	0.37
8	豌豆蚜虫 *Acyrhosiphum pisum*	268	482 571	0.06
9	斑马鱼 *Brachidanio rerio*	987	1 822 523	0.05
10	大西洋鲑 *Salmo salar*	252	939 056	0.03

注：比中率=比中基因数/参考基因总数。

2）GO 注释

根据棕点石斑鱼头肾转录组测序的 NR 注释信息，使用 Blast2GO 软件进行了 GO 功能注释，发现在已注释的 49 901 个棕点石斑鱼头肾转录组基因中，22 738 个（45.6%）得到一个或多个 GO 注释，共被分配到 227 396 个 GO 注释号中。通过 WEGO 软件将这些 GO 信息进行进一步归类统计后，将其归入了基因的分子功能（Molecular Function）、细胞组分（Cellular Component）、生物学过程（Biological Process）三大主类，57 个亚类中（图 3.4）。结果显示棕点石斑鱼头肾转录组基因的最大主类是生物学过程（52.8%），之后依次为细胞组分（33.8%）和分子功能（13.4%）。从亚分类的层次看，不同的亚分类中所包含的基因数目也存在明显差异（图 3.4）。在生物学过程主类中，最大的亚分类依次为细胞过程（Cellular Process，16 896 个）；代谢过程（Metabolic Process，13 284 个）和单生物过程（Single-orGanism Process，13 458 个）。在细胞组分主类中，细胞亚类（Cell）和细胞成分亚类（Cell Parts）基因最多，分别达到 16 077 个和 16 058 个；在分子功能主类中，结合（Binding）、催化活性（Catalytic Activity）为最大亚类，分别有 14 818 个和 9 006 个基因被归入其中。所有 57 个亚类横向比较，发现被分配序列数最少的 4 个亚类依次为：蛋白标签（Protein Tag，1 个）、金属伴侣蛋白活性（Metallochaperone Activity，8 个）、化学排斥活性（Chemorepellent Activity，9 个）和趋化活性（Chemoattractant Activity，10 个），它们都属于分子功能主类。

由 GO 功能分类可以推测，棕点石斑鱼头肾基因的编码产物主要参与了生物过程及细胞组分的各亚类功能，缺乏蛋白标签、金属伴侣蛋白活性、化学排斥活性和趋化活性这几类分子功能。

3）COG 注释

为了进一步评价棕点石斑鱼头肾转录组文库的完整性，将所有 Unigene 与 COG 数据库进行比对，共有 11 700 个 Unigene（占 Unigene 总数的 14.62%）在 COG 数据库中得到注释。注释得到的 COG 功能注释信息共分为 25 类，其中基因数量最大的 COG 功能类群依次是功能预测（General Function Prediction Only，5 318 个），转录（Transcription，2 640 个），复制、重组与修复（Replication，Recombination and Repair，2 615 个），翻译、核糖体结构与生物合成（Translation，Ribosomal Structure and Biogenesis，2 270 个），细胞周期调控、细胞分裂、染色体分裂（Cell Cycle Control，Cell Division，Chromosome Partitioning，2 043 个）。被注释的最小类群为细胞核结构（Nuclear Structure，10 个）。此外，细胞外结构（Extracellular Structures，43 个）、防御机制（Defense Mechanisms，116 个）、RNA 加工与修饰（RNA Processing and Modification，107 个）等类群内被注释的基因数也远远低于其他类群。总体来

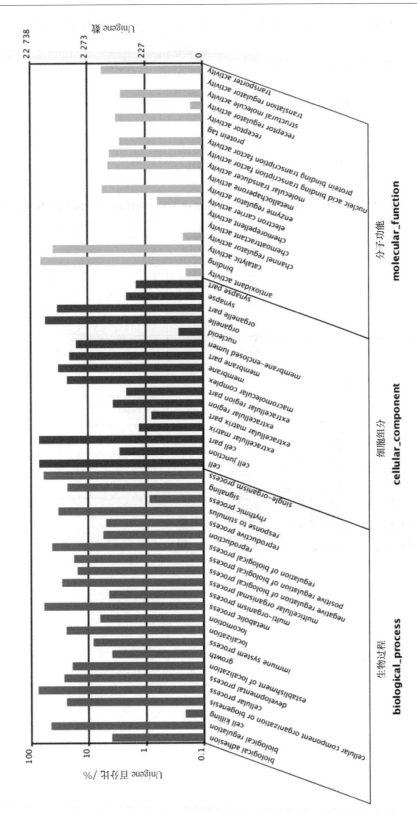

图 3.4　棕点石斑鱼头肾转录组 Unigene 的 GO 分类

X 轴代表 GO 分类的不同类别（三大主类，57 个亚类），Y 轴代表得到注释的 Unigene 数

Fig.3.4　GO classification of *E. fuscoguttatus* head kidney Unigenes

X-axis indicates different GO categories (including 3 main categories and 57 sub-categories), Y-axis indicates the number of annotated unigenes

看，在被注释的基因中，以涉及细胞生长分裂的基因数最多，包括了转录（Transcription，2 640 个），复制、重组与修复（Replication，Recombination and Repair，2 615 个），翻译、核糖体结构与生物合成（Translation，Ribosomal Structure and Biogenesis，2 270 个），细胞周期调控、细胞分裂、染色体分裂（Cell Cycle Control，Cell Division，Chromosome Partitioning，2 043 个），三大类群共计 9 568 个基因。其次为未知功能基因，包含了功能预测（General Function Prediction Only）和未知功能类群（Function Unknown）共 6 834 个基因（图 3.5）。

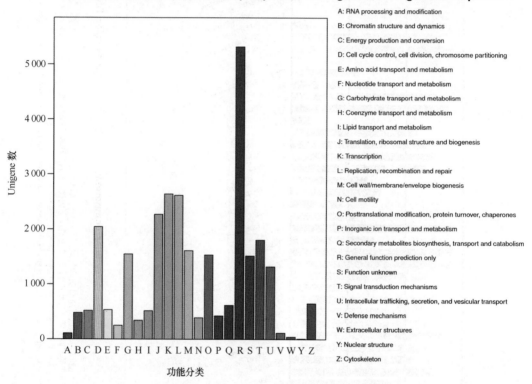

图 3.5　棕点石斑鱼头肾转录组 Unigene 的 COG 功能分类

X 轴代表 COG 的不同功能分类，Y 轴代表每个功能分类中的 Unigene 数

Fig 3.5　COG function classification E. *fuscoguttatus* head kidney Unigenes

X-axis indicates function classes of COG，Y-axis indicates numbers of Unigenes in one class

4）KEGG 通路注释

为了系统分析基因产物在细胞中的代谢途径以及这些基因产物的功能，将棕点石斑鱼头肾转录组测序得到的全部 Unigene 与 KEGG 数据库进行比对，得到相关 Unigene 的 Pathway 注释。全部 Unigene 中，共有 27 457 个 Unigene 被注释到 KEGG

数据库的 258 个已知的代谢和信号传导通路中。其中 Unigene 分布最多的 5 个二级 (level 2) Pathway 类别分别为免疫系统 (Immune Systems, 5 121 个), 信号传导 (Signal Transduction, 4 789 个), 传染性疾病：病毒 (Infectious Diseases：Viral, 4 193 个), 传染性疾病：细菌 (Infectious Diseases：Bacterial, 3 952 个), 癌症：特殊类型 (Cancers：Specific Types, 3 299 个) (表 3.6)。Pathway 注释得到 Unigene 数量最多的 5 个三级 (level 3) Pathway 依次为代谢通路 (Metabolic Pathways, 2 969 个)、肌动蛋白细胞骨架调控 (Regulation of Actin Cytoskeleton, 1 187 个)、癌症通路 (Pathways in Cancer, 1 143 个)、黏着斑通路 (Focal Adhesion, 966 个) 和人类嗜 T 细胞病毒 I 感染通路 (HTLV-I Infection, 884 个) (表 3.7)。KEGG 注释结果显示，棕点石斑鱼头肾转录组二级 Pathway 注释中归属免疫系统 (Immune Systems) 的 Unigene 数量最多，达到 5 121 个，这与头肾作为硬骨鱼最重要的免疫器官之一的作用是相一致的。此外，KEGG 三级 Pathway 注释后涉及 Unigene 数量较大的 Pathway 也多与疾病相关，也再次印证了头肾在棕点石斑鱼免疫调节与抵御疾病侵袭中发挥的重要作用。

表 3.6　棕点石斑鱼头肾转录组 KEGG 注释得到的 Unigene 数量最多的 5 个二级 Pathway 类别

Table 3.6　Top five level 2 pathways annotated with most Unigenes in *E. fuscoguttatus* head kidney transcriptome

二级 Pathway	注释的 Unigene 数量
Immune system	5 121
Signal transduction	4 789
Infectious diseases：Viral	4 193
Infectious diseases：Bacterial	3 952
Cancers：Specific types	3 299

表 3.7　棕点石斑鱼头肾转录组 KEGG 注释得到 500 个以上 Unigene 的三级 Pathway

Table 3.7　KEGG level 3 pathways with more than 500 Unigenes annotated in *E. fuscoguttatus* head kidney transcriptome

排序	Pathway	注释的 Unigene 数量 (百分比/%)	Pathway ID
1	Metabolic pathways	2 969 (10.81)	ko01100
2	Regulation of actin cytoskeleton	1 187 (4.32)	ko04810
3	Pathways in cancer	1 143 (4.16)	ko05200
4	Focal adhesion	966 (3.52)	ko04510

排序	Pathway	注释的 Unigene 数量（百分比/%）	Pathway ID
5	HTLV-I infection	884 (3.22)	ko05166
6	Epstein-Barr virus infection	868 (3.16)	ko05169
7	MAPK signaling pathway	860 (3.13)	ko04010
8	Endocytosis	834 (3.04)	ko04144
9	Herpes simplex infection	788 (2.87)	ko05168
10	Influenza A	757 (2.76)	ko05164
11	Tight junction	755 (2.75)	ko04530
12	Transcriptional misregulation in cancer	746 (2.72)	ko05202
13	RNA transport	725 (2.64)	ko03013
14	Amoebiasis	687 (2.5)	ko05146
15	Tuberculosis	675 (2.46)	ko05152
16	Vascular smooth muscle contraction	643 (2.34)	ko04270
17	Spliceosome	642 (2.34)	ko03040
18	Purine metabolism	638 (2.32)	ko00230
19	Huntington's disease	638 (2.32)	ko05016
20	Fc gamma R-mediated phagocytosis	625 (2.28)	ko04666
21	Chemokine signaling pathway	621 (2.26)	ko04062
22	Adherens junction	605 (2.2)	ko04520
23	Insulin signaling pathway	560 (2.04)	ko04910
24	Salmonella infection	560 (2.04)	ko05132
25	Protein processing in endoplasmic reticulum	559 (2.04)	ko04141
26	Calcium signaling pathway	545 (1.98)	ko04020
27	Phagosome	524 (1.91)	ko04145
28	Ubiquitin mediated proteolysis	520 (1.89)	ko04120
29	Measles	515 (1.88)	ko05162
30	Bacterial invasion of epithelial cells	511 (1.86)	ko05100
31	T cell receptor signaling pathway	509 (1.85)	ko04660
32	Leukocyte transendothelial migration	505 (1.84)	ko04670
33	Wnt signaling pathway	504 (1.84)	ko04310
34	Neurotrophin signaling pathway	502 (1.83)	ko04722

5）基于棕点石斑鱼头肾转录组的几个代表性免疫相关通路及其相关基因

在高通量测序后进行 KEGG 分析，得到了棕点石斑鱼的几个代表性免疫相关通路及其相关基因（表 3.8），包括 MAPK 信号通路的 42 个基因、Fc gamma R-mediated phagocytosis 信号通路的 40 个基因和 JAK-STAT 信号通路的 25 个基因。这些经典免疫相关通路上大量基因在棕点石斑鱼头肾的转录组中得到注释，既从侧面印证了头肾作为硬骨鱼类的免疫器官的重要作用，也为进一步研究中草药作用于棕点石斑鱼的免疫调控机制提供了有参考价值的背景信息。

表 3.8　高通量测序后进行 KEGG 分析得到的几个代表性的免疫相关通路及其相关基因

Table 3.8　Representative immune relative pathways and relative genes annotated by KEGG in *E. fuscoguttatus* head kidney transcriptome

基因简称	全称	Unigene 数
MAPK pathway		
EGF	epidermal growth factor	1
FGF	fibroblast growth factor	1
PDGF	platelet-derived growth factor	3
CACN	voltage-dependent calcium channel	17
EGFR	epidermal growth factor receptor	4
FGFR	fibroblast growth factor receptor	11
PDGFR	platelet-derived growth factor receptor	14
GRB2	growth factor receptor-bound protein 2	2
G12	guanine nucleotide binding protein（G protein），gamma 12	2
SOS	son of sevenless	9
Gaplm	Ras GTPase-activating protein	4
Ras	Ras-related protein R-Ras2	11
RasGRF	Ras-specific guanine nucleotide-releasing factor	30
RasGRP	RAS guanyl releasing protein	11
pl20GAF	Ras GTPase-activating protein 1	7
NF1	neurofibromin 1	9
CNasGEF	Rap guanine nucleotide exchange factor	16
PKC	protein kinase C	13
PKA	protein kinase A	9
Rap1	Ras-related protein Rap-1	6
RafB	B-Raf proto-oncogene serine/threonine-protein kinase	7
Raf1	RAF proto-oncogene serine/threonine-protein kinase，v-raf-1 murine leukemia viral oncogene homolog 1	2

续表

基因简称	全称	Unigene 数
Mos	proto-oncogene serine/threonine-protein kinase mos	3
MEK1	mitogen-activated protein kinase kinase 1	2
MEK2	mitogen-activated protein kinase kinase 2	2
MP1	mitogen-activated protein kinase kinase 1 interacting protein 1	1
ERK	extracellular signal-regulated kinase 1/2	1
PTP	protein-tyrosine phosphatase	2
MKP	dual specificity phosphatase	19
NIK	mitogen-activated protein kinase kinase kinase 14	1
IKK	conserved helix-loop-helix ubiquitous kinase	11
NFκB	nuclear factor of kappa light polypeptide gene enhancer in B-cells	8
STMN1	stathmin	3
cPLA2	calcium-independent phospholipase A2-like	11
MNK1/2	MAP kinase interacting serine/threonine kinase	4
RSK2	p90 ribosomal S6 kinase	12
CREB	activating transcription factor 4	4
Elk-1	ETS domain-containing protein Elk-1	3
Sapla	ETS domain-containing protein Elk-4	3
c-Myc	Myc proto-oncogene protein	5
SRF	serum response factor	2
c-fos	proto-oncogene protein c-fos	4
Fc gamma R-mediated phagocytosis pathway		
IgG	immunoglobulin heavy chain	20
FcγRⅡB	low affinity immunoglobulin gamma Fc region receptor Ⅱ-b	5
CD45	protein tyrosine phosphatase, receptor type, C	53
FcγRⅠ	low affinity immunoglobulin gamma Fc region receptor Ⅰ	4
FcγRⅡA	low affinity immunoglobulin gamma Fc region receptor Ⅱ-a	3
Src	hemopoietic cell kinase	7
Syk	spleen tyrosine kinase	2
Gab2	growth factor receptor bound protein 2-associated protein 2	3
SHIP	phosphatidylinositol-3, 4, 5-trisphosphate 5-phosphatase	11
PI3K	phosphatidylinositol-4, 5-bisphosphate 3-kinase	39
Dynamin2	dynamin GTPase	15
AMPHIIm	amphiphysin	2
MyosinX	Myosin X	13
PLD	phospholipase D	10

续表

基因简称	全称	Unigene 数
ARF6	ADP-ribosylation factor 6	3
Vav	vav oncogene	14
PLCγ	phosphatidylinositol phospholipase C, gamma-1	11
PAP	phosphatidate phosphatase	10
Akt	RAC serine/threonine-protein kinase	10
PIP5K	1-phosphatidylinositol-4-phosphate 5-kinase	11
CrKII	proto-oncogene C-crk	5
DOCK180	dedicator of cytokinesis	1
SPHK	sphingosine kinase	5
Cdc42	cell division control protein 42	6
Rac	Ras-related C3 botulinum toxin substrate	3
PAG3	Arf-GAP with SH3 domain, ANK repeat and PH domain-containing protein	18
p70S6K	p70 ribosomal S6 kinase	7
WASP	WAS protein family	73
VASP	vasodilator-stimulated phosphoprotein	12
WAVE	WAS protein family, member 3	32
Raf1	RAF proto-oncogene serine/threonine-protein kinase	2
MARCKS	myristoylated alanine-rich C-kinase substrate	10
MEK	mitogen-activated protein kinase kinase 1	2
cPKC	classical protein kinase C	13
Arp2/3	actin related protein 2/3 complex, subunit 2	14
LIMK	LIM domain kinase 2	9
Gelsolin	gelsolin	5
ERK1/2	extracellular signal-regulated kinase 1/2	1
Cofilin	cofilin	4
p47phox	neutrophil cytosolic factor 1	5
JAK-STAT pathway		
EPO	eosinophil peroxidase	1
IFN/IL10	interleukin 10	2
CytokineR	Cytokine Receptors	89
Cb1	E3 ubiquitin-protein ligase CBL	12
JAK	Janus kinase	15
SHP1	protein tyrosine phosphatase, non-receptor type 6	2
STAM	signal transducing adaptor molecule	6

续表

基因简称	全称	Unigene 数
PI3K	phosphatidylinositol-4, 5-bisphosphate 3-kinase	38
SHP2	protein tyrosine phosphatase, non-receptor type 11	7
PIAS	E3 SUMO-protein ligase PIAS4	8
STAT	signal transducer and activator of transcription	14
GRB	growth factor receptor-binding protein	2
AKT	RAC serine/threonine - protein kinase, v - akt murine thymoma viral oncogene	10
SOS	son of sevenless	9
P48	interferon regulatory factor 9	1
CBP	E1A/CREB-binding protein	46
SOCS	suppressor of cytokine signaling	11
Pim-1	proto-oncogene serine/threonine-protein kinase Pim-1	2
CIS	cytokine inducible SH2-containing protein	1
c-Myc	Myc proto-oncogene protein	5
CycD	cyclin D1/D2	3
BclXL	BCL2-like 1 (apoptosis regulator Bcl-X)	2
Spred	sprouty-related, EVH1 domain containing	3
Sprouty	sprouty	8

总之，本研究进行了较高质量的棕点石斑鱼头肾转录组测序、组装与注释，获得了大量棕点石斑鱼重要免疫调控相关通路及基因信息。这些信息为后期进一步研究中草药对棕点石斑鱼免疫调控机制奠定了基础。

3.3 讨论

3.3.1 转录组测序数量、质量与 Unigene 长度分布

高通量测序是解析生物对外界环境做出响应（包括环境、营养变化与病害侵袭等）的分子机制、发掘免疫基因资源的重要手段之一，近年来基于第二代测序平台的转录组测序技术（主要包括 Roche 公司的 454 测序、ABI 的 SOLiD 测序技术和 Illumina 公司的 Solexa 技术）更是被广泛应用于各种生物转录组的定性和定量分析（Margulies et al.，2005；Porreca et al.，2007；Ondov et al.，2008）。其中，基于

Solexa 技术的 Illumina 公司的 HiSeq 2000 平台单次反应读取数据量大，同时具有测序价格、准确度和测序深度等方面的优势，受到众多科研工作者的青睐。如 Qi 等（2016）利用 Illumina 测序平台对健康和停乳链球菌感染后的梭鱼（*Liza haematocheila*）脾进行转录组测序后，分别得到 raw reads 55 395 040 条和 51 826 334 条，过滤后的 clean reads 52 614 804 条和 49 270 880 条，平均 Q20>98%，将所有 clean reads 经 Trinity 软件拼装，最终得到 Unigene 71 803 条，平均长度为 1 227 bp，这些 Ungene 以长度 150~500 bp 为主，占总数的 43.48%，其次为长度 500~1 000 bp 的 Unigene，占总数的 18.34%，1 000~2 000 bp 的 Unigene 占总数的 18.05%。Tong 等（2015）分析了青海湖裸鲤的头肾转录组特征，获得 raw reads 90 460 104 条，clean reads 81 884 878 条，Q20 为 97.25%，组装得到 Unigene 134 156 条，N50 为 1 532，平均长度为 745 bp。Unigene 长度在 1 000 bp 以下的占总数的 71.65%，1 000~2 000 bp 的占 15.26%，2 000 bp 以上的占 13.12%。黄琳（2015）在鳗弧菌攻毒后的牙鲆脾转录组中获得 12.20×10^6 条 clean reads，从头拼接组装后得到 96 627 条 Unigene，序列长度主要集中在 200~400 bp 的有 57 978 条（60.22%），400~800 bp 的有 20 336 条（21.46%），大于 1 kb 的有 13 536 条（14.01%）。类似的研究报道还包括：Liao 等（2013）通过 Illumina 测序技术对鲫的头肾、肝、脑、肌肉的转录组中进行了研究；许宝红（2012）研究了感病草鱼脾转录组；Zhou 等（2015）对比分析了健康的以及感染了柱状黄杆菌的鳜鱼头肾的转录组。本研究利用 Illumina HiSeq 2000 平台对投喂 3 种不同中草药及基础饲料的棕点石斑鱼头肾的混合样进行了高通量转录组测序分析，共获得原始读序（raw reads）128 356 856 条、过滤后的高质量读序（clean reads）117 142 700 条，远高于以上研究所获得的读序条数；Q20（99% 碱基正确率）为 97.88%，与绝大多数研究基本持平；拼接组装后得到 Unigene 80 014 条，平均长度为 694 bp，N50 为 1 092，长度分布在 100~500 bp 的 Unigene 有 48 455 条，占总数的 60.56%；有 16 370 条 Unigene 长度为 500~1 000 bp，占总数的 20.46%；有 10 131 条 Unigene 长度为 1 000~2 000 bp，占总数的 12.66%；长度大于 2 000 bp 的 Unigene 为 5 058 条，占总数的 6.32%；长度大于 1 000 bp 的 Unigene 达到总数的 18.98%，与其他基于 Illumina HiSeq 2000 平台对硬骨鱼进行免疫组织测序的同类研究相比，本研究的测序质量、Unigene 长度分布均大致相当。可见，本次棕点石斑鱼头肾转录组测序获得了大量可靠的基因序列，可用于后续的基因注释和免疫相关通路与基因的挖掘。

3.3.2　NR 注释比例与同源性物种分布

日前，鱼类转录组测序研究得到的 Unigene 在 NR 数据库中的注释比例高低不等。一些鱼类的转录组注释偏低，如牙鲆转录组 Unigene 的 NR 注释比例仅为 22.14%（黄琳，2015），鲤转录组的 NR 注释比例仅为 17.44%（Liao et al.，2013），这可能是由于转录组拼装的 Unigene 总体长度偏短导致的（黄琳，2015）；同样，中华鲟转录组 Unigene 的 NR 注释为 28.1%（Zhu et al.，2016），则可能是由于该物种的基因序列与 NR 数据库中已有的其他物种的基因序列信息差异较大，与多个已进行全基因组测序的鱼类物种的基因序列同源性较低，从而导致 Unigene 的 NR 注释比例也较低（黄琳，2015）。本书研究的棕点石斑鱼头肾转录组在 NR 数据库中得到注释的 Unigene 数量为 39 026 条，占总 Unigene 数量的 48.77%，高于上述的牙鲆、鲤和中华鲟。与其他已经报道过的鱼类高通量测序研究，如泥鳅（43.76%）、大菱鲆（44.84%）、青海湖裸鲤（48.9%）和梭鱼（53.25%）等基本持平（Pereiro et al.，2012；Long et al.，2013；Zhang et al.，2015；Qi et al.，2016）。棕点石斑鱼转录组在 NR 数据库中未得到注释的 Unigene 占 51.23%，可能是棕点石斑鱼头肾中未知的功能基因序列（Pereiro et al.，2012；Long et al.，2013；Zhang et al.，2015；Qi et al.，2016）。

在棕点石斑鱼头肾转录组 Unigene 的 NR 注释的物种分布图中，按基因同源性从高到低排列，排在前几位的物种分别为尼罗罗非鱼、日本青鳉、红鳍东方鲀、黑绿四齿鲀、海鲈和斑马鱼等，与棕点石斑鱼同属的斜带石斑鱼在上述排列中仅排在第 10 位，此排序与物种之间的遗传距离没有对应关系。与本研究类似，多个鱼类转录组测序研究报道也都显示，与被测序物种亲缘关系很近（同属甚至同种）的物种在 NR 注释的同源性物种分布中排序靠后。如牙鲆转录组研究中，牙鲆本身仅排在第 7 位（黄琳，2015）；中华鲟转录组研究中华鲟位于第 18 位（Zhu et al.，2016）；鲤转录组研究发现鲤排在第 3 位（Zhou et al.，2016）；草鱼转录组测序结果发现不仅草鱼本身排第 2 位，位居斑马鱼之后，与草鱼同为鲤形目鲤科的鲤也排在了墨西哥脂鲤（脂鲤目）、虹鳟（鲑形目）等之后，位居第 7 位（Li et al.，2017）。这种排序与遗传距离的不对应性，可能是由于不同物种已有参考序列数量不同造成的。如本研究中与棕点石斑鱼同属的斜带石斑鱼，在 NCBI 中的参考序列仅为 3 270 条，远远少于已进行基因组测序的尼罗罗非鱼的 1 491 904 条，从而导致本研究按照基因同源性从高到低进行排序，尼罗罗非鱼排在第 1 位，而同属的斜带石斑鱼仅排在第 10 位，但将比中基因数与已有参考序列数的比值，即比中率进行排序，斜带石斑鱼则以最高比中率 12.3% 排在第 1 位。牙鲆和中华鲟等的转录组测序结果也与本研究类似，因缺乏相应的参考基因组序列信息，导致排序比较靠后。不过，草鱼和鲤，在相应的转录组测序研究之前都已具备全基因组测序信息，但在 NR 的同源性基因比对中排在其他物种之后，这一结果很难用上述原因进行解释。

此外，现有研究发现，传统系统分类中亲缘关系较近的几个物种在进行转录组测序后得到的物种分布排序差异也很明显。如同属于鲤形目鲤科的鲤（Zhou et al.，2016）、草鱼（Li et al.，2017）、鲫（Liao et al.，2013）、青海湖裸鲤（Zhang et al.，2015）和齐口裂腹鱼（Du et al.，2017），进行转录组测序后得到的物种分布排序前 5 名（按同源基因从多到少）分别为：

鲤：斑马鱼>墨西哥脂鲤>鲤>虹鳟>人类；

草鱼：斑马鱼>草鱼>墨西哥脂鲤>虹鳟>尼罗罗非鱼；

鲫：斑马鱼>尼罗罗非鱼>刺鱼>日本青鳉>鳕；

青海湖裸鲤：斑马鱼>尼罗罗非鱼>黑绿四齿鲀>大西洋鲑>非洲爪蟾；

齐口裂腹鱼：斑马鱼>墨西哥脂鲤>大麻哈鱼>大黄鱼>大西洋鲱。

其中鱼类包括：斑马鱼、草鱼、鲤（鲤形目）、墨西哥脂鲤（脂鲤目）、虹鳟、大西洋鲑、大麻哈鱼（鲑形目）、黑绿四齿鲀（鲀形目）、尼罗罗非鱼、大黄鱼（鲈形目）、鳕（鳕形目）、日本青鳉（颌针鱼目）、大西洋鲱（鲱形目）、刺鱼（刺鱼目）。人类和非洲爪蟾分别为哺乳类和两栖类（Liao et al.，2013；Zhang et al.，2015；Zhou et al.，2016；Du et al.，2017；Li et al.，2017）。

由上述例子可见，只有基因相似性排在第 1 位的物种（斑马鱼，鲤形目）与被测物种在进化上的亲缘关系较近（同属于鲤形目），排在第 2 位到第 5 位的物种分布没有明显的规律。另一方面，已有的研究还发现，即使两种鱼类基因测序后得到的物种分布排序相同，这两种鱼也可能属于完全不同的两个目。如梭鱼与棕点石斑鱼，尽管它们测序后得到的前 5 位物种分布排序完全相同（罗非鱼>日本青鳉>红鳍东方鲀>黑绿四齿鲀>海鲈），且各物种的相似性比例也极为相似，但梭鱼和棕点石斑鱼分属于鲻形目和鲈形目（本研究；Qi et al.，2016）。

考虑到上述例子中被比对到前 5 位的物种都是进行过全基因组测序的物种，不存在参考基因缺乏的问题，因此我们认为，某物种转录组测序后与 NR 库的同源性比对结果只能大致反映出被测物种与其他物种的进化亲缘关系（如鱼类测序后得到的物种分布排序多以鱼类为主），相似性物种分布与传统系统分类这两者之间不存在严格的对应关系。具体原因是传统系统分类有待更正还是转录组测序技术方法有待改善，还需要未来更多更全面的系统进化分类学和转录组测序研究来探索证明。

第4章 3种中草药作用下的棕点石斑鱼头肾数字基因表达谱测序与解析

中草药具有多成分、多作用靶点和多功效的特点，因此中草药对棕点石斑鱼的作用是涉及多个复杂网络上的多个基因协调变化的结果（孙晓飞等，2015）。第二代测序平台的数字基因表达谱测序（RNA-seq）是一种快速、高效获得大量差异基因表达数据的新方法。相比于基因芯片、实时荧光定量 PCR（Q-PCR）、Northern 杂交等技术，RNA-Seq 技术具有快捷、高效、成本低等优点（Marioni et al.，2008；王莉，2013；Zhao et al.，2014）。对于非模式生物，一旦获得了其转录组信息，就可以以其作为参考序列，利用 RNA-Seq 技术一次性高通量地获得这种生物在一定条件下某部位内多个代谢通路多种基因表达水平的变化（Trapnell et al.，2012；Van Verk et al.，2013）。这些信息就可以揭示某药物对生物的免疫、生理、生化调控机制的差异。为此，本研究采用 Illumina 公司的 Solexa 测序平台，以前期研究中所获得的棕点石斑鱼头肾转录组测序信息作为参考基因组序列，利用数字基因表达谱（Digital Gene Expression，DGE）RNA-Seq（Quantification）技术对 3 种不同中草药作用下的棕点石斑鱼头肾进行大规模高通量测序，挖掘差异表达基因及其涉及的代谢途径，期望在分子水平上全面系统地揭示鸡血藤、墨旱莲、黄柏 3 种中草药对棕点石斑鱼的免疫调控机制。

4.1 材料与方法

4.1.1 实验材料

同 2.1.1。

4.1.2 实验设计

同 2.1.2。

4.1.3　棕点石斑鱼头肾样品采集

同 3.1.3。

4.1.4　棕点石斑鱼头肾总 RNA 提取

同 3.1.4。

4.1.5　棕点石斑鱼头肾总 RNA 样本的质量检测

同 3.1.5。

4.1.6　RNA 样本池的混合与定义

采样所得 24 条鱼头肾的总 RNA 被混为 4 个 RNA 池，即等量混合 6 条对照组石斑鱼头肾 RNA 为 C，等量混合 6 条投喂鸡血藤组石斑鱼头肾 RNA 为 J，等量混合 6 条投喂墨旱莲组石斑鱼头肾 RNA 为 M，等量混合 6 条投喂黄柏组石斑鱼头肾 RNA 为 H。RNA 样本池 C、J、M 和 H 将分别用于表达谱测序与分析。

4.1.7　饲喂不同中草药的棕点石斑鱼头肾表达谱测序分析

4.1.7.1　表达谱 cDNA 文库的构建及测序

C、J、M、H 4 个棕点石斑鱼头肾表达谱 cDNA 文库的构建、测序由深圳华大基因研究院完成。

用带有 Oligo（dT）的磁珠富集 mRNA，向富集得到的 mRNA 中加入 fragmentation buffer，将其打断成为短片段，再以这些短片段 mRNA 为模板，用六碱基随机引物（random hexamers）合成 cDNA 第一链，并加入缓冲液、dNTPs、RNase H 和 DNA polymerase Ⅰ 合成 cDNA 第二链。之后经纯化、末端修复、加碱基 A、加连接接头、回收目的大小片段、PCR 富集等步骤分别完成表达谱 cDNA 文库的构建。构建好的 4 个棕点石斑鱼头肾表达谱 cDNA 文库用 Illumina HiSeq™ 2000 平台进行测序。

4.1.7.2　表达谱测序的数据分析流程

饲喂不同中草药的棕点石斑鱼头肾表达谱测序分析流程如图 4.1 所示。

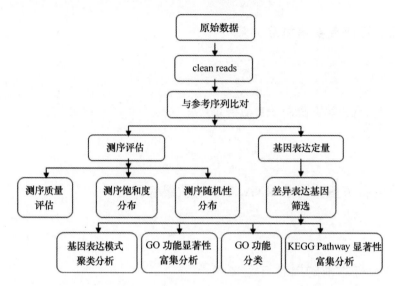

图 4.1 饲喂不同中草药的棕点石斑鱼头肾表达谱测序分析流程

Fig. 4.1 Flowchart of RNA-seq bioinformation analysis in *E. fuscoguttatus* fed with different herbs

4.1.7.3 表达谱测序数据的过滤

测序得到的原始数据为 raw reads，将 raw reads 去除接头（Adaptor）、未知碱基序列（N）以及低质量序列（Low Quality）后得到 clean reads。因此，对应 C、J、M、H 4 个棕点石斑鱼头肾表达谱 cDNA 文库，本研究共得到 4 组 clean reads，这些 clean reads 将用于后续分析。以本研究第 3 章所得的棕点石斑鱼头肾转录组数据库作为参考序列，使用比对软件 SOAPaligner/SOAP2 将 clean reads 比对到参考序列上（Li et al.，2017）。通过唯一比对上基因的 reads 数目和比对上参考序列的总 reads 数来计算基因表达量。

4.1.7.4 测序评估

测序评估包括以下 4 种分析统计方法。

（1）数据比对统计是将本研究得到的 C、J、M、H 4 组 clean reads 分别比对到棕点石斑鱼头肾转录组参考序列后得到的比对结果进行统计。

（2）测序质量评估是统计测序后得到的原始数据内各种 reads 所占的比例分布情况，各种 reads 包括：clean reads、接头序列、未知碱基序列和低质量序列。

（3）测序饱和度分析是判断测序量是否足够大的一种方法。随着测序量的增加，检测到的基因数也随之增多；当测序量达到一定值后，检测到的基因数不再增加，达到平台期或"饱和状态"，那么这时对应的测序量就足以满足后续分析要求。

（4）测序随机性分析是分析 mRNA 被打断的随机性程度。首先通过计算得到 reads 在参考基因上的相对位置，然后统计基因的不同位置比对上的 reads 数量。如果 reads 数量在基因不同位置分布较为均一，就证明 mRNA 被打断的随机性较好。

4.1.7.5　Unigene 表达定量

以本书第 3 章所得的棕点石斑鱼头肾转录组数据库作为参考序列，使用比对软件 SOAPaligner/SOAP2 将 clean reads 比对到参考序列上（Li et al.，2017）。利用唯一比对上基因的 reads 数目和比对上参考序列的总 reads 数来计算基因表达量。基因表达量的计算使用 RPKM（Reads per kb per Million reads）算法（Mortazavi et al.，2008）。

4.1.7.6　差异表达基因筛选

参照 Audic 和 Claverie（1997）筛选差异表达基因的算法，计算每个基因在两个实验组样品中表达量相等的概率（P-value）；并根据基因的 RPKM 值计算该基因在两个实验组间的差异表达倍数。筛选差异基因的条件为：假阳性率（False Discovery Rate，FDR）不大于 0.001 且差异表达倍数不小于 2 倍的基因（Benjamini and Yekutieli，2001）。FDR 值越小，差异倍数越大，说明两个实验组间的基因表达差异越显著。本实验筛选得到 3 个中草药添加组及对照组两两之间（C vs J，C vs M，C vs H，J vs H，J vs M，M vs H）差异表达的基因，这些差异表达的基因信息将为后续的差异基因表达模式聚类分析、差异基因 GO 功能显著性富集分析、差异基因 GO 功能分类以及差异基因 Pathway 显著性富集分析奠定基础。

4.1.7.7　差异基因表达模式聚类分析

分析不同实验样本间差异基因表达模式，并进行聚类分析。用 cluster 软件（De Hoon et al.，2004）对差异表达的基因进行聚类分析，用 JavaTreeview 显示聚类图（Saldanha，2004）。

4.1.7.8　差异表达基因的 GO 功能显著性富集分析与 GO 功能分类

为了确定筛选出的差异表达基因主要行使了哪些生物学功能，我们对每组差异分析的结果进行 GO 功能显著性富集分析。首先通过与 GO 数据库比对，得到各个 GO term 中的差异表达基因数量，然后运用超几何检验，得到每个 GO term 的 *P-value*。再将得到的 *P-value* 进行 Bonferroni 校正，得到 corrected *P-value*。最后以 corrected *P-value*≤0.05 为阈值，筛选出满足条件的 GO term。这些 GO term，即为在差异表达基因中显著富集的 GO term。

为了从宏观上认识差异基因的功能分布特征，我们对差异基因做 GO 功能分类。主要步骤包括：根据 NR 注释信息，使用 Blast2GO 软件得到所有差异基因的 GO 注释信息，最后使用 WEGO 软件（Ye et al.，2006）对差异基因做 GO 功能分类统计。

4.1.7.9 差异表达基因的 KEGG Pathway 显著性富集分析

为了探索在 3 种中草药作用下棕点石斑鱼差异表达基因所参与的主要生化代谢或信号传导途径，对筛选出的差异表达基因进行了 KEGG Pathway 显著性富集分析。其计算方法同 GO 功能显著性富集分析。以 KEGG Pathway 为单位，应用超几何检验，计算每个 Pathway 的 Q-$value$。以 Q-$value \leqslant 0.05$ 为阈值，判定某 Pathway 是否为显著富集。

4.1.8 基因表达谱的荧光定量 PCR（RT-PCR）验证

4.1.8.1 棕点石斑鱼头肾总 RNA 的提取

用于提取棕点石斑鱼头肾总 RNA 的样品及总 RNA 提取方法都与第 3 章相同。

每组进行荧光定量 PCR 验证的生物样品与提取 RNA 进行表达谱分析的 6 个生物学重复样品完全相同。每组的 6 尾鱼的头肾总 RNA 分别提取完毕后，不进行混样。

4.1.8.2 棕点石斑鱼头肾总 RNA 反转录反应

应用 TaKaRa PrimeScript™ II 1ˢᵗ Strand cDNA Synthesis Kit 进行棕点石斑鱼头肾总 RNA 的反转录反应。具体步骤如下。

（1）在微量离心管中配制以下反应混合液：

Oligo dT Primer（50 μmol/L）	1 μL
dNTP Mixture（10 mmol/L 每种）	1 μL
RNase free dH$_2$O	7 μL
棕点石斑鱼头肾总 RNA	1 μL

（2）65℃ 放置 5 min 后，冰上迅速冷却。

（3）在上述微量离心管中配制以下反应液，总量配至 20 μL：

上述变性后的反应液	10 μL
5×PrimeScript Ⅱ Buffer	4 μL

（4）缓慢混匀。

（5）按下面条件在 PCR 仪上进行反转录反应：

42℃　　60 min

70℃　　15 min

（6）冰上冷却，终止反应。

棕点石斑鱼头肾总 RNA 反转录反应得到的 cDNA 稀释 10 倍后用于后续荧光定量 PCR 反应。

4.1.8.3　用于验证表达谱数据准确性的基因及引物序列设计

选择表达谱分析得到的 16 个显著性差异表达基因进行荧光定量 PCR 验证。采用 Primer Premier 5.0 软件设计用于 RT-PCR 中的特异性引物，引物设计所依据的基因模板序列来源于 NCBI cDNA 数据库及本研究转录组 de novo 测序结果。基因及引物序列见表 4.1，引物由北京 Invitrogen 生物技术有限公司合成。采用 18S mRNA 作为内参基因，相对基因表达量采用 $-\Delta\Delta Ct$ 法。荧光定量 PCR 的结果表达为经 18S mRNA 基因标准化后的差异基因表达的变化倍数。

4.1.8.4　荧光定量 PCR 验证方法

荧光定量 PCR 在 Eppendorf Mastercycler® ep Realplex⁴ Real-time PCR 仪（德国 Eppendorf 公司）上进行，使用 SYBR® Green PCR Master Mix 试剂盒（美国 Thermo Fisher Scientific 公司）。反应体系包括：

cDNA　　　　　　　　　　　0.5 μg

Ex*Taq*　　　　　　　　　　1 U

dNTPs　　　　　　　　　　10 pmol/L

MgCl$_2$　　　　　　　　　　5 pmol/L

Gene-specific primers　　　　10 pmol/L

荧光定量 PCR 的反应程序为：95℃变性 5 s，49.0~51.4℃退火、延伸 30 s，共进行 40 个循环。

每个实验组设 6 个生物学重复，每个生物学重复设 3 个技术性重复。每板都设阴性对照（无反转录酶）和无模板空白对照。每个样品都进行溶解曲线分析和琼脂糖电泳分析，以确保扩增产物的准确性和单一性。

表 4.1 荧光定量 PCR 实验中所用到的基因和引物

Table 4.1 Genes and primers used in RT-PCR validation experiments

Unigene code	VERSION number in NCBI	primer	Sequence (5′至 3′)	Putative Gene Identity
6899	ACF06900. 1	F	AACCAAACTGGAGGTGTT	minus strand MHC class I antigen
		R	CTCATCGTCCCACTCACA	
39169	AAA61752. 1	F	TGGAGAATCCCACAAACT	immunoglobulin IghMV VH4 region, partial
		R	CAGAAATGTAGGCAACCC	
248	XP_ 004084738. 1	F	CACAGACGCCAACAAGAG	cytochrome c iso−1/iso−2−like isoform 1
		R	TGATTTAAGGTATGCGATGAG	
44508	CBM95501. 1	F	CGGTGGCTCTGTTGGTTT	immunoglobulin heavy chain, partial/minus strand IgH
		R	AGCAGGTGAGTCTGTGGG	
33785	AAX78210. 1	F	AAGTCGCTCACCTCCTCA	immunoglobulin mu heavy chain
		R	TTTCCCTGGTTTCTGACG	
16337	NP_ 001002068. 1	F	ACTCCAGGAACAAAGATGA	cytochrome C
		R	CAGATATGCTACGAGGTCA	
8191	XP_ 004077161. 1	F	CTGCTCCAAACTCATCCTA	DNA damage−inducible transcript 4 protein−like
		R	GGTCGATAAGTGCTCCTCT	
33982	CBN81525. 1	F	GGTCTATACCACGGCTTTAC	DNA damage inducible transcript 4 protein
		R	CTTTCTTCCTCCGACTTGA	
17632	XP_ 004073619. 1	F	CTTCGTGGACCCGAGTGT	DNA damage inducible transcript 4−like protein−like
		R	TCGTCCTTGTCTGCCTTG	
2815	AAA56663. 1	F	AGCCTCTGGATTGGACTT	IgM heavy chain membrance bound form
		R	CTCTACCCTGGACTGACT	
2967	ABH09078. 1	F	AAGTCGCTCACCTCCTCA	minus strand immunoglobulin mu heavy chain
		R	TTTCCCTGGTTTCTGACG	
18S rRNA	DQ105651. 1	F	CGGTGGTACTTTCTGTGC	18S ribosomal RNA
		R	TGTGGTAGCCGTTTCTCA	

4.2 结果与分析

4.2.1 RNA 提取质量分析结果

同 3.2.1。

4.2.2　表达谱测序分析结果

4.2.2.1　测序评估

1）数据比对统计

3 个中草药组和一个对照组分别建库并进行 Illumina 高通量测序，得到总 reads 数都达到 12 M 以上。因目前尚无可用的棕点石斑鱼基因组序列，以本研究第 3 章经测序拼接得到完整注释的棕点石斑鱼头肾转录组为参考序列，将每个组样品的 reads 分别与其进行比对。每组样品能定位到转录组上的 reads 数量和比例见表 4.2。比对上的 reads 数为 10.35~10.76 M，占 clean reads 总数的 84.66%~86.12%，完全比对上的 reads 数为 8.36~9.34 M，占 clean reads 总数 68.35%~74.82%，未比对上的 reads 数为 1.70~1.87 M，占 clean reads 总数的 13.88%~15.34%。棕点石斑鱼头肾在不同中草药作用下的表达谱测序数据总体比对较为理想，表明该测序数据质量较高，可以用于后续分析。

表 4.2　表达谱文库测序数据与棕点石斑鱼头肾参考基因的比对结果

Table 4.2　Summary of reads mapping result of DEG sequencing and alignment for *E. fuscoguttatus* headkidney

项目	对照组 C	黄柏组 H	鸡血藤组 J	墨旱莲组 M
clean reads 总数	12 069 794 (100.00%)	12 226 244 (100.00%)	12 226 415 (100.00%)	12 488 679 (100.00%)
比对上的 reads 数	10 369 177 (85.91%)	10 350 886 (84.66%)	10 372 507 (84.84%)	10 755 319 (86.12%)
完全比对上的 reads 数	8 882 299 (73.59%)	8 727 464 (71.38%)	8 356 272 (68.35%)	9 344 264 (74.82%)
≤2 bp Mismatch	1 486 878 (12.32%)	1 623 422 (13.28%)	2 016 235 (16.49%)	1 411 055 (11.30%)
Multi-position Match	0 (0.00%)	0 (0.00%)	0 (0.00%)	0 (0.00%)
未比对上的 reads 数	1 700 617 (14.09%)	1 875 358 (15.34%)	1 853 908 (15.16%)	1 733 360 (13.88%)

2）测序质量评估

棕点石斑鱼头肾不同处理组样品中各类 reads 所占比例分布的情况呈现相似的规律，clean reads 的比例都在98%以上（图4.2），说明4个表达谱文库的测序质量较高，均达到进行后续分析的要求。

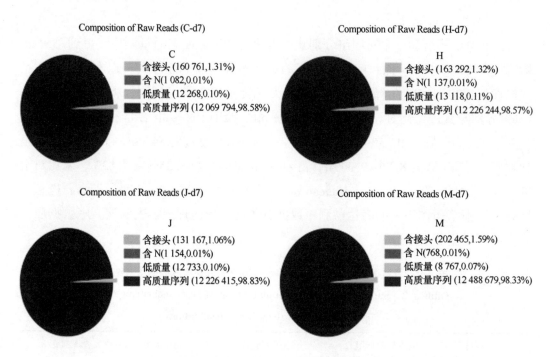

图4.2　棕点石斑鱼头肾不同处理组样品表达谱测序质量评估结果

C：对照组，J：鸡血藤组，M：墨旱莲组，H：黄柏组

Fig. 4.2　DEG sequencing quality evaluation of *E. fuscoguttatus* headkidney samples

Abbreviations：control group（C），*Spatholobus suberectus* fed group（J），*Eclipta prostrata* L. fed group（M）and *Phellodendron amurense* fed group（H）

3）测序饱和度分析

测序饱和度分析显示，本实验4个棕点石斑鱼头肾处理组样品所检测到的基因数都随着测序数据量的增加而增加，且当测序数据量达到10 M 时，检测到的基因数都基本趋于饱和，不再上升（图4.3）。说明这些样品的测序量已经基本覆盖到了头肾细胞中正在表达的全部基因，能够满足后续的基因表达分析需要。

4）测序随机性分析

以棕点石斑鱼头肾不同处理组样品表达谱测序所得 reads 在棕点石斑鱼头肾参考基因上的分布情况，来评价棕点石斑鱼头肾 mRNA 打断的随机程度，结果表明，各处理组的 reads 在基因各部位均分布得比较均匀，即打断随机性好（图4.4）。因

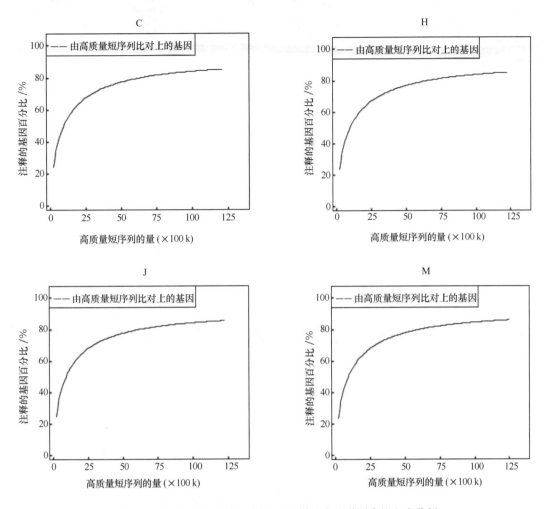

图 4.3　棕点石斑鱼头肾不同处理组样品表达谱测序饱和度分析

C：对照组，J：鸡血藤组，M：墨旱莲组，H：黄柏组

Fig. 4. 3　Sequencing saturation analysis of *E. fuscoguttatus* headkidney samples

Abbreviations：control group（C），*Spatholobus suberectus* fed group（J），*Eclipta prostrata* L. fed group（M）and *Phellodendron amurense* fed group（H）

此，本实验所得 4 组棕点石斑鱼头肾表达谱测序数据的随机性较高，能够满足后续表达谱分析要求。

4. 2. 2. 2　饲喂不同中草药的棕点石斑鱼头肾表达谱差异表达基因筛选

为了鉴别棕点石斑鱼头肾中对鸡血藤、墨旱莲、黄柏做出不同响应的基因，应用泊松分布模型，对鸡血藤组、墨旱莲组、黄柏组和对照组的表达谱数据两两之间进行差异表达基因分析，差异基因的筛选条件设为：FDR（False Discovery Rate）≤

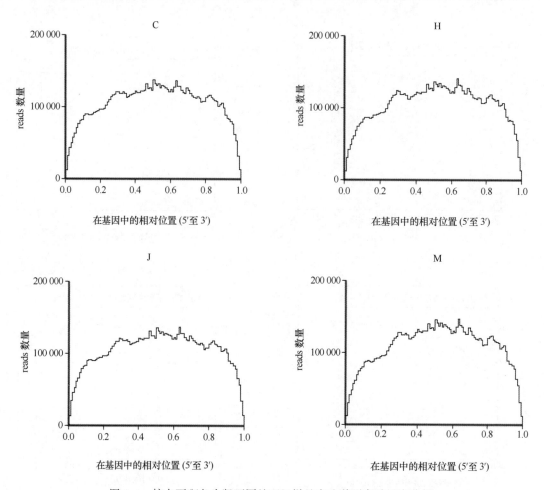

图 4.4　棕点石斑鱼头肾不同处理组样品表达谱测序随机度分析

C：对照组，J：鸡血藤组，M：墨旱莲组，H：黄柏组

Fig. 4.4　Sequencing randomness analysis of *E. fuscoguttatus* headkidney samples

Abbreviations：control group（C），*Spatholobus suberectus* fed group（J），*Eclipta prostrata* L. fed group（M）and *Phellodendron amurense* fed group（H）

0.001，且基因表达倍数不小于 2。筛选结果表明（图 4.5 和图 4.6），黄柏组与对照组之间共有 231 个显著性差异表达基因，其中 180 个基因下调表达，51 个基因上调表达，下调表达的基因数量是上调的 3.5 倍，因此棕点石斑鱼头肾对黄柏的响应以大量下调表达的基因为主；鸡血藤组与对照组之间有 144 个显著性差异表达基因，其中 47 个下调表达，97 个上调表达，上调表达的基因数量约为下调表达的 2.0 倍，因此，棕点石斑鱼头肾对鸡血藤的响应以大量上调表达的基因为主；墨旱莲组与对照组之间共有 186 个显著性差异表达基因，其中 132 个下调表达，54 个上调表达，下调表达基因数量为上调表达的 2.4 倍，表明棕点石斑鱼头肾对墨旱莲的

响应以大量下调表达的基因为主。综合3种中草药组分别与对照组相比的基因上下调情况可以发现，黄柏和墨旱莲具有与鸡血藤不同的基因调控模式：黄柏和墨旱莲都以下调棕点石斑鱼头肾基因作用为主，鸡血藤则以上调为主。当黄柏组与墨旱莲组分别与鸡血藤组相比较时，这一调控模式的区别更为明显。黄柏组与鸡血藤组相比较，下调基因数量是上调基因的4.9倍；墨旱莲组与鸡血藤组比较，下调基因数量是上调基因的7.7倍。而黄柏组与墨旱莲组相比较，则上调基因数与下调基因属基本相当，分别为93个和69个（图4.5）。在不同中草药作用下棕点石斑鱼头肾差异表达基因韦氏图（图4.6）表明，仅在黄柏作用下差异表达的基因数量为157个，仅在墨旱莲作用下差异表达的基因数量为101个，仅在鸡血藤作用下差异表达的基因数量为88个。在两种中草药作用下都显著差异表达的基因数以黄柏和墨旱莲之间最多，达到45个；黄柏和鸡血藤之间最少，仅15个。3种中草药作用下都显著差异表达的基因数为14个。从3种中草药作用下棕点石斑鱼头肾差异表达基因的共有性及特有性推测，黄柏、墨旱莲、鸡血藤3种中草药中，黄柏和墨旱莲对棕点石斑鱼头肾基因的调控模式更为相近。

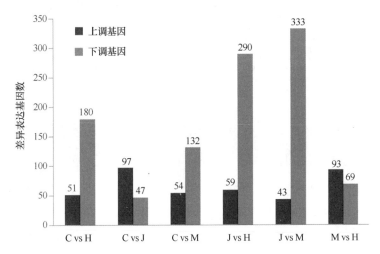

图 4.5 棕点石斑鱼头肾3个中草药组与对照组组间两两比较差异表达基因柱状图

C：对照组，J：鸡血藤组，M：墨旱莲组，H：黄柏组

Fig. 4.5 Stat chart of differentially expressed genes in *E. fuscoguttatus*

headkidney between different groups

Abbreviations: control group (C), *Spatholobus suberectus* fed group (J), *Eclipta prostrata* L. fed group (M) and *Phellodendron amurense* fed group (H)

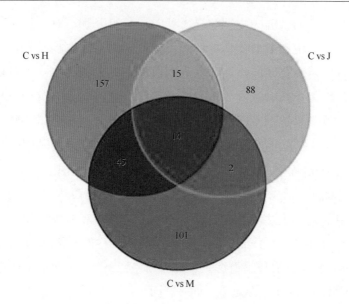

图 4.6 在不同中草药作用下棕点石斑鱼头肾差异表达基因韦氏图

C：对照组，J：鸡血藤组，M：墨旱莲组，H：黄柏组

Fig. 4.6 Venn diagram of differentially expressed genes in *E. fuscoguttatus*

headkidney between group pairings

Abbreviations：control group（C），*Spatholobus suberectus* fed group（J），*Eclipta prostrata* L. fed group（M）

and *Phellodendron amurense* fed group（H）

4.2.2.3 饲喂不同中草药的棕点石斑鱼头肾表达谱差异基因表达聚类分析

为了探索 3 种中草药对棕点石斑鱼头肾基因调控模式的区别，利用 cluster 软件，以欧氏距离为距离矩阵计算公式，取显著差异表达基因差异倍数的 $\log_2$ 值来聚类，对基因和不同中草药处理组同时进行等级聚类分析，聚类结果用 Java Treeview 显示，得到饲喂不同中草药的棕点石斑鱼头肾表达谱差异基因表达聚类分析热图（图 4.7）。结果表明，鸡血藤组总体以红色和暗红色区域为主，即以基因上调作用为主，而墨旱莲和黄柏组则出现大面积的绿色区域，意味着这两种中草药对棕点石斑鱼头肾基因的作用以下调为主。根据热图中 3 个纵列不同颜色变化，可以推测有部分基因在 3 个比较组中的表达模式差异很大。3 个比较组之间代表性的差异表达区域以黄色框重点标示，如基因群 A（CL1468. Contig1，CL898. Contig2，CL1663. Contig3，CL6126. Contig1，33335，CL3642. Contig1，44999，33226，7531，44046，8088，25544，8521）和基因群 B（CL2408. Contig1，29328，18196，34667）。这两个基因群内的基因在鸡血藤组的表达量都显著高于对照组，而在墨旱莲和黄柏组则显著低于对照组。基因群 A 和基因群 B 所包含基因的数据库注释结果见表 4.3，主要包括

丝裂原活化蛋白激酶（MAPK）、丝氨酸苏氨酸互作激酶（interacting serine/threonine kinase）、羟基羧酸型受体（hydroxycarboxylic acid receptor）、G 蛋白偶联受体（G protein-coupled receptor）、肌醇−三磷酸 3 激酶（inositol-triphosphate 3-kinase）、B 细胞受体/CD22 抗体（B-cell receptor/CD22 antigen）、去整合素和金属蛋白酶域蛋白 8（disintegrin and metalloproteinase domain-containing protein 8）、beta-2 微球蛋白基因（beta-2 microglobulin gene）、白细胞介素 8（interleukin-8）、C-myc 基因启动子结合蛋白（C-myc promoter-binding protein）、丝/精氨酸重复基质蛋白 2（serine/arginine repetitive matrix protein 2）、有机阳离子转运蛋白（organic cation transporter）、溶质运载蛋白家族成员 22-2（solute carrier family 22，member 2）、PR 域/KRAB 域锌指蛋白 1（PR domain zinc finger protein 1/KRAB domain-containing zinc finger protein）等。对这些在鸡血藤组显著上调，而在墨旱莲和黄柏组显著下调的基因进一步分析，发现它们主要归为三大类：MAPK 信号通路相关、免疫或炎症反应相关以及其他生理生化功能相关。

MAPK 信号通路在机体的应激、炎症反应等多种重要的细胞生理过程中扮演重要角色。本研究中在 3 种中草药作用下与 MAPK 信号通路相关的差异表达基因为促细胞分裂原活化蛋白激酶、丝氨酸苏氨酸互作激酶、丝/精氨酸重复基质蛋白 2 和 C-myc 基因启动子结合蛋白。已有的代谢通路研究表明，MAPK 通路中的 MAPK 蛋白激酶通过磷酸化作用进一步控制其下游的一些丝氨酸/苏氨酸蛋白激酶和转录因子（如 C-Myc）的活性，进而调控相关基因的转录或表达。因此我们推测，MAPK 信号通路是鸡血藤、墨旱莲、黄柏 3 种中草药调控棕点石斑鱼生理生化代谢的重要途径之一。表达谱聚类分析所获得的这些 MAPK 通路相关差异表达基因是阐明这 3 种中草药对棕点石斑鱼头肾分子调控机制的重要候选基因。

本研究结果表明，有相当多被注释为免疫及炎症反应相关的基因在饲喂鸡血藤的棕点石斑鱼头肾中显著上调，在饲喂墨旱莲和饲喂黄柏的棕点石斑鱼头肾中显著下调。有炎症反应调节相关的 G 蛋白受体（G protein-coupled receptor）、与 Ⅰ 类组织相容性复合体（MHC class Ⅰ）的表达及铁的吸收、运输相关的 beta-2 微球蛋白基因（beta-2 microglobulin gene）、重要的促炎因子白细胞介素 8（interleukin-8），以及维持正常抗体反应所需的 B 细胞受体（B-cell receptor）和 B 细胞抑制受体抗体（CD22 antigen）。也发现有防止特异性及非特异性免疫组织内的 T 细胞流失的转录因子 PR 域锌指蛋白 1（PR domain zinc finger protein 1）。还有一些 DEGs 与肾的钙信号传导（肌醇−三磷酸 3 激酶，inositol-triphosphate 3-kinase）、内源性有机阳离子及外源性毒素清除（有机阳离子转运蛋白，organic cation transporter；溶质运载蛋白家族成员 22-2，Solute carrier family 22，member 2）相关。这些在不同药物作用下显著差异表达的免疫炎症相关基因，为阐明相关中草药调控棕点石斑鱼免疫机能的分子机制提供了重要线索。

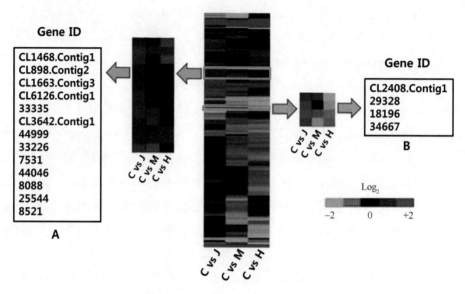

图 4.7　饲喂不同中草药的棕点石斑鱼头肾差异表达基因聚类分析热图

图中每列代表一对比较（用药组与对照组），每行代表一个基因，C：对照组，J：鸡血藤组，M：墨旱莲组，H：黄柏组

Fig. 4.7　Clusting heap map of differentially expressed genes

in *E. fuscoguttatus* headkidney fed with different herbs

Each column represents a pairwise comparison between an herb supplemented group and control group, each row represents a gene. Abbreviations: control group (C), *Spatholobus suberectus* fed group (J), *Eclipta prostrata* L. fed group (M) and *Phellodendron amurense* fed group (H)

表 4.3　饲喂不同中草药的棕点石斑鱼头肾部分显著差异表达基因的数据库注释信息

Table 4.3　Annotation information of the genes in the representative differentially expressed gene clusters in *E. fuscoguttatus* headkidney fed with different herbs

Gene ID	Nt ID	KO ID	Gene annotation
MAPK 通路相关			
CL1468. Contig1	gi ┃ 348515156 ┃ ref ┃ XM_003445058. 1 ┃	K04372	MAPK, interacting serine/threonine kinase 2 (MKNK2)
CL2408. Contig1	gi ┃ 348505640 ┃ ref ┃ XM_003440321. 1 ┃	K12861	C-myc promoter-binding protein
Unigene29328	gi ┃ 348505640 ┃ ref ┃ XM_003440321. 1 ┃	K13172	C-myc promoter-binding protein, serine/arginine repetitive matrix protein 2

续表

Gene ID	Nt ID	KO ID	Gene annotation
免疫或炎症相关			
CL898. Contig2	gi｜348523963｜ref｜XM_003449445.1｜	K08402	hydroxycarboxylic acid receptor 2-like, G protein-coupled receptor 109
CL3642. Contig1	gi｜47224046｜emb｜CAG12875.1｜	K06467	B-cell receptor CD22, CD22 antigen
Unigene8088	gi｜273101569｜gb｜FJ896111.1｜	—	beta-2 microglobulin gene
Unigene8521	gi｜327239769｜gb｜GU988706.1｜	K10030	interleukin-8
Unigene34667	gi｜348519516｜ref｜XM_003447229.1｜	K09228	PR domain zinc finger protein 1-like, KRAB domain-containing zinc finger protein
Unigene33226	gi｜348507223｜ref｜XM_003441108.1｜	K06540	disintegrin and metalloproteinase domain-containing protein 8
Unigene25544	gi｜158936957｜dbj｜AB280428.1｜	—	M17h
其他			
Unigene18196	gi｜348538534｜ref｜XM_003456698.1｜	K08199	solute carrier family 22 (organic cation transporter), member 2
CL6126. Contig1	gi｜348534800｜ref｜XM_003454842.1｜	K00911	inositol-trisphosphate 3-kinase B-like
Unigene44999	gi｜374428414｜emb｜FQ310506.3｜	—	chromosome sequence corresponding to linkage group 1
Unigene7531	gi｜374428414｜emb｜FQ310506.3｜	—	chromosome sequence corresponding to linkage group 1
Unigene33335	gi｜409103960｜dbj｜AB757068.1｜	—	microsatellite
Unigene44046	gi｜409102640｜dbj｜AB755915.1｜	—	microsatellite
CL1663. Contig3	gi｜409103612｜dbj｜AB756730.1｜	—	microsatellite

4.2.2.4　饲喂不同中草药的棕点石斑鱼头肾表达谱差异表达基因的 GO 功能聚类分析

为了了解每种中草药对棕点石斑鱼头肾基因调控的 GO 功能分类以及 3 种中草药作用之间的差别，将 3 种中草药作用下的棕点石斑鱼头肾差异表达基因的 GO 功能聚类分析图合并为一张图（图 4.8）。结果表明，在 3 种中草药作用下，棕点石斑鱼头肾中的差异表达基因主要富集的 GO term 类别大致相同，主要包括分子功能（Molecular Function）大类中的催化反应（Catalytic Activity）和结合（Binding）等类别；细胞成分（Cellular Component）大类中的细胞组成（Cell Part）、细胞（Cell）、细胞器（Organelle）、细胞膜（Membrane）、细胞膜组分（Membrane part）和细胞器组分（Organelle）等类别；生物过程（Biological Process）大类中的细胞过程（Cellular Process）、单生物过程（Single-Organism Process）、代谢过程（Metabolic Process）、生物调控（Biological Regulation）、生物过程调控（Regulation of Biological Process）和刺激应答（Response to Stimulus）等类别。然而，尽管 3 种中草药作用下棕点石斑鱼头肾中的差异表达基因主要富集的 GO term 类别基本相同，但棕点石斑鱼头肾响应不同中草药作用的差异表达基因数量及差异表达模式并不相同。在差异基因表达数量上，总体上是黄柏组>墨旱莲组>鸡血藤组；在差异基因表达模式上，3 个中草药组分为两类：一类是以基因上调模式（图中为红色）为主，其代表是鸡血藤组；另一类是以基因下调模式（图中为蓝色）为主，其代表是墨旱莲组和黄柏组。在平均差异表达基因富集量最大的 12 个主要的 GO term（包括 Cellular Process，Developmental Process，Metabolic Process，Multicellular Organismal Process，Regulation of Biological Process，Response to Stimulus，Single-Organism Process，Cell，Cell Part，Organelle Part，Binding，Catalytic Activity）中，平均鸡血藤组上调基因占该 term 差异表达基因总数的（78.34±5.68）%；而黄柏组和墨旱莲组的上调基因占该 term 差异表达基因总数的平均比例分别为（5.25±3.07）%和（7.04±4.21）%。由此可见，鸡血藤组与墨旱莲组、黄柏组表现出截然不同的两种差异基因变化模式：鸡血藤组是以上调基因（红色）为主，而墨旱莲和黄柏组是以下调基因为主（蓝色）。

4.2.2.5　饲喂不同中草药的棕点石斑鱼头肾表达谱差异表达基因的 KEGG Pathway 显著性富集分析

为了确定棕点石斑鱼在饲喂不同中草药后差异表达基因所参与的最主要生化代谢途径和信号转导途径，以 KEGG Pathway 为单位，应用超几何检验，对棕点石斑

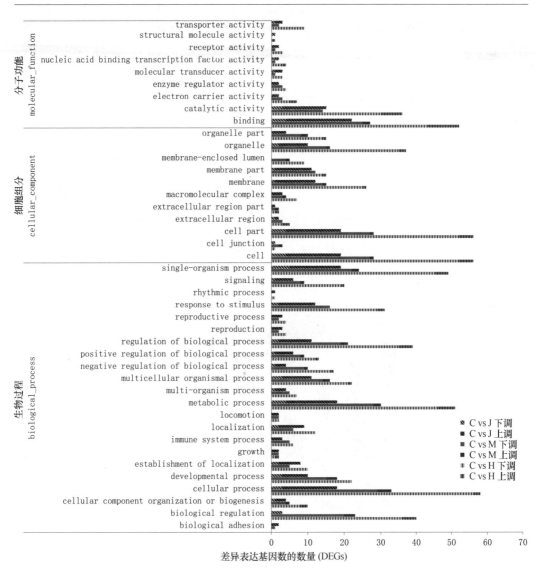

图4.8 饲喂不同中草药的棕点石斑鱼头肾表达谱差异表达基因的GO功能聚类分析图

C：对照组，J：鸡血藤组，M：墨旱莲组，H：黄柏组

Fig. 4.8 Gene Ontology functional classification of differentially expressed

genes in E. fuscoguttatus headkidney fed with different herbs

Abbreviations：control group（C），*Spatholobus suberectus* fed group（J），*Eclipta prostrata* L. fed group（M）and

Phellodendron amurense fed group（H）

鱼头肾表达谱差异表达基因进行了 Pathway 显著性富集分析，以找出与这些差异表达基因中显著性富集的 Pathway。通过 Pathway 显著性富集能由图4.9 和表4.4 可见，饲喂 3 种中草药后棕点石斑鱼头肾差异表达基因主要显著性富集在了感染性疾病（Infectious Diseases）、免疫疾病（Immune Diseases）、免疫系统（Immune

System)、心血管疾病（Cardiovascular Diseases）、癌症（Cancers Overview）、代谢总图（Metabolism Global Map）、信号传导（Signal Transduction）、运输与分解代谢（Transport and Catabolism）、细胞生长与死亡（Cell Growth and Death）和跨膜运输（Membrane Transport）等通路类群中。差异表达基因显著性富集最多的 3 个通路亚类（感染性疾病、免疫疾病和免疫系统）都与免疫相关，由此可见，黄柏、墨旱莲、鸡血藤 3 种中草药对棕点石斑鱼的作用主要为免疫调控作用。对显著差异表达基因数不小于 4 的 KEGG Pathway 进行聚类分析后得到的热图显示，墨旱莲和鸡血藤对棕点石斑鱼作用后产生显著差异的 Pathway 相似性较高，即墨旱莲与鸡血藤对棕点石斑鱼作用的主要生化代谢途径更为相似。这与前面的 GO 显著性富集分析结果并不矛盾，尽管墨旱莲与鸡血藤调节的目标基因群相似度较高，但其调节方向相反：墨旱莲以下调为主，而鸡血藤以上调为主。

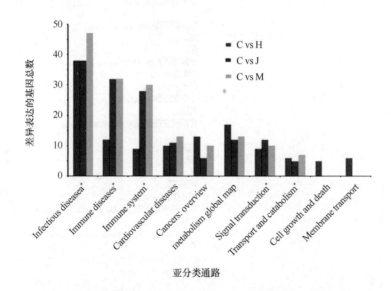

图 4.9　不同中草药作用下棕点石斑鱼头肾 DEG 最多的 10 个 KEGG 通路亚分类

只列出了差异表达基因数不小于 4 的通路，＊代表免疫或炎症相关，C：对照组，J：鸡血藤组，M：墨旱莲组，H：黄柏组

Fig. 4. 9　Ten pathway sub-categories with highest number of

DEGs in *E. fuscoguttatus* headkidney after different herb supplementation

only pathways with DEGs ≥4 were included，＊ means immune related or inflammation

related pathways，Abbreviations：control group（C），*Spatholobus suberectus* fed group（J），

Eclipta prostrata L. fed group（M）and *Phellodendron amurense* fed group（H）

表4.4　3种中草药作用下棕点石斑鱼头肾显著差异表达基因的部分 KEGG 通路（DEGs≥4）

Table 4.4　Significant KEGG pathways enriched in DEGs of *E. fuscoguttatus*
headkidney after different herb supplementation（DEGs≥4）

KEGG 分类	KEGG 亚分类	通路名称	差异表达基因数		
			C vs H	C vs J	C vs M
人类疾病	传染病	阿米巴病*	5	8	8
		利什曼原虫病*	4	7	5
		非洲锥虫病*	4	5	
		结核病*	7		8
		金黄色葡萄球菌感染*	5	6	
		甲型流感*	6		5
		HTLV-I 病毒感染*	6		
		单纯疱疹感染*	5		
		EB 病毒感染*	5	5	5
		麻疹*		4	5
	免疫疾病	原发性免疫缺陷*	5	6	
		类风湿性关节炎*	4	6	
		全身性红斑狼疮*	6	6	
		哮喘*		5	5
		异体排斥*	4	5	5
		自身免疫性甲状腺病*	4	5	5
	心血管疾病	病毒性心肌炎*	6	6	8
		扩张性心肌病	4	5	5
	癌症：总况	癌症相关转录失调	8	6	6
		癌症相关通路	5		4
有机体系统	免疫系统	Fc gamma R 调控的吞噬作用*	5	4	5
		造血细胞系*	4	6	5
		与 IgA 产生相关的小肠免疫网络*	5	5	
		B 细胞受体信号通路*	5	5	
		自然杀伤细胞调控的细胞毒性*	4	5	
		Fc epsilon RI 信号通路*	4	5	
	消化系统	胆汁分泌	4		
代谢	总图	代谢通路	17	12	13
	核苷酸代谢	嘌呤代谢	4		
		嘧啶代谢	4		
	氨基酸代谢	丙氨酸，天冬氨酸和谷氨酸代谢		4	

续表

KEGG 分类	KEGG 亚分类	通路名称	差异表达基因数		
			C vs H	C vs J	C vs M
细胞过程	运输与分解代谢	吞噬体*	6	5	7
	细胞生长与死亡	p53 信号通路*	5		
环境信息 处理过程	膜运输	ABC 转运体	6		
	信号传导	MAPK 信号通路*	5		
		NF-κB 信号通路*	7	5	
		钙信号通路	4	5	5
	信号分子及 相互作用	细胞黏附分子	4	4	

注：C：对照组；H：黄柏组；J：鸡血藤组；M：墨旱莲组。* 代表免疫相关通路。

4.2.3　表达谱分析结果的荧光定量 PCR（Real-time fluorsent quantitative PCR，RTFQ PCR）验证

选择棕点石斑鱼头肾表达谱测序分析得到的 16 个显著性差异表达基因进行荧光定量 PCR 验证。进行荧光定量 PCR 验证的生物样品与提取 RNA 进行表达谱分析的 6 个生物学重复样品完全相同。采用 Primer Premier 5.0 软件设计用于 real time PCR 中的特异性引物，引物设计所依据的基因模板序列来源于 NCBI cDNA 数据库及本研究转录组 de novo 测序结果。Real-time PCR 在 Eppendorf Mastercycler® ep real-plex 上进行，按照 TAKARA 公司的 SYBR® Premix Ex Taq ™ Ⅱ（Perfect Real Time）试剂盒使用说明进行操作，95℃变性 5 s，49.0~51.4℃退火、延伸 30 s，共进行 40 个循环。采用棕点石斑鱼 18S mRNA 作为内参基因，相对基因表达量采用-$\Delta\Delta$Ct 法。荧光定量 PCR 的结果表达为经 18S mRNA 基因标准化后的差异基因表达变化倍数。先作柱形图，纵坐标代表经 18S mRNA 基因标准化后的差异基因表达变化倍数，横坐标的数字代表 Trinity 组装后得到的基因代号（图 4.11）。之后将测序所得基因表达量变化倍数设为横坐标，荧光定量 PCR 所得相应基因表达量的变化倍数设为纵坐标，对 16 个基因作散点图，并作一次回归曲线，得到 $R^2 = 0.74$（图 4.12）。柱形图和散点图都显示，棕点石斑鱼头肾表达谱测序分析得的差异表达基因的表达变化量和荧光定量 PCR 所测得的相应基因的表达变量基本一致，即表达谱技术所得到的结果可信度较高。

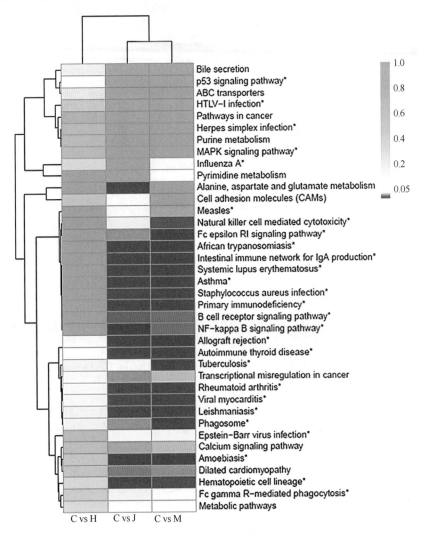

图 4.10　不同中草药作用下棕点石斑鱼头肾差异表达

基因的 KEGG Pathway 聚类分析热图

　　仅包括差异表达基因数不小于 4 的通路，图中每列代表一对比较（用药组与对照组），每行代表一个 Pathway，颜色条代表 Q 值，＊代表免疫相关通路，C：对照组，J：鸡血藤组，M：墨旱莲组，H：黄柏组

Fig. 4. 10　Clusting heatmap of KEGG classification of significant pathways

in *E. fuscoguttatus* kidney fed with different herbs

only pathways with ≥4 DEGs were included, color bar represents Q-value, ＊ means immune-related pathways, Abbreviations: control group（C）, *Spatholobus suberectus* fed group（J）, *Eclipta prostrata* L. fed group（M）and *Phellodendron amurense* fed group（H）

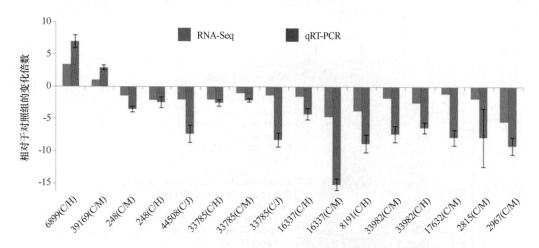

图 4.11　3 种中草药作用下棕点石斑鱼头肾 16 个差异表达基因的荧光定量 PCR 验证结果

纵坐标代表经 18S mRNA 基因标准化后的差异表达基因表达变化倍数，蓝色代表 RNA-Seq 分析得到的基因表达数据，红色代表荧光定量 PCR 得到的基因表达数据，荧光定量 PCR 结果表达为 6 个生物学重复的平均值和标准误差，横坐标的数字代表 Trinity 组装后得到的基因代号，具体基因名称见表 4.1，C：对照组，H：黄柏组，J：鸡血藤组，M：墨旱莲组

Fig. 4.11　qPCR validation of the expression levels of 16 DEGs in *E. fuscoguttatus* headkidney fed with different herbs

Histograms represent the fold change in gene expression normalized to 18S mRNA gene and relative to the control group. Blue bars represent gene expression data from RNA-Seq analysis. Red bars represent gene expression data obtained by qRT-PCR. qRT-PCR data were reported as means and standard errors of six biological replicates. Numbers in the *x*-axis represent the gene code obtained from Trinity assembly, their putative identities were listed in Table 16. C, control group; H, *Phellodendron amurense* group; J, *Spatholobus suberectus* group; M, *Eclipta prostrata* group.

4.3　讨论

4.3.1　中草药免疫增强剂对水产动物的免疫调节机制

　　尽管已有大量中草药免疫增强剂对水产动物免疫影响的报道，但大部分报道主要集中于测量非特异性免疫指标的变化，这些非特异性免疫指标包括溶菌酶（Lysozyme）、补体（Complement）、抗蛋白酶（Antiproteases）、骨髓过氧化酶（Myeloperoxidases）、吞噬活性（Phagocytosis）、呼吸暴发活性（Respiratory Burst Activity）、一氧化氮（Nitric Oxide）、总血细胞数量（Total Hemocyte Number）、酚氧化酶活性（Phenoloxidase）、谷胱甘肽过氧化物酶（Glutathione Peroxidase）、酚氧化酶

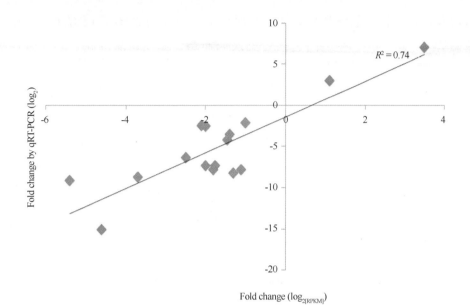

图 4.12　荧光定量 PCR 与表达谱测序基因表达量之间的相关性

横坐标为测序所得基因表达量变化倍数，纵坐标为荧光定量 PCR 所得相应基因表达量的变化倍数，每个蓝色点代表一个基因

Fig. 4.12　Correlation between RNA-seq and qRT-PCR expression data

X-axis indicates the relative fold change in gene expression by RNA-seq, Y-axis indicates the relative fold change in gene expression by qRT-PCR, each blue point represent a gene

（Phenoloxidase）（李呈敏，1993；杜爱芳等，1997；王景华，1998；Shao，2001；蔡春芳等，2002；陈琴，2002；刘红柏等，2004；马自佳，1998；王海华，2004；Kumari et al.，2007；Harikrishnan et al.，2011a、b；Littman and Rudensky，2010）。然而，有关中草药免疫增强剂影响水产动物非特异性免疫功能的作用机制研究相对滞后，近年来虽然出现了一些涉及中草药作用的分子机制研究，但相关研究仍主要局限于某种中草药对生物个别基因的调控作用（Aggarwal et al.，2009；Galgani et al.，2009）。如大黄和复方中草药（主要成分为蜈蚣藻、党参等）分别能够显著提高团头鲂和凡纳滨对虾的热应激蛋白 HSP70 的表达水平，有利于团头鲂和凡纳滨对虾抗逆性的增强（雷爱莹和曾地刚，2008；刘波，2012）。以黄芪和当归等为主要成分的复方中草药能显著上调罗非鱼多种免疫相关组织中的热应激蛋白基因（Hsp70）和两种炎症因子（TNF-α、IL-1β）的表达水平，该 3 种基因最高表达量的出现时间与用药剂量密切相关：剂量越高，峰值出现越早；剂量越低，峰值出现越晚（王家敏，2011），但中草药对水产动物的免疫调节作用的确切分子机制却仍然并不清晰。本研究首次从转录组水平探讨了 3 种中草药（鸡血藤、墨旱莲、黄

柏）对棕点石斑鱼的免疫调节机制，发现 3 个用药组的 *DEG* 基因都主要集中于免疫相关基因通路上，这些通路包括传染疾病通路、免疫疾病通路、心血管疾病通路、免疫系统通路和免疫信号传导通路等，说明这 3 种中草药对棕点石斑鱼具有重要的免疫调节作用。本书的研究结果还表明，这些免疫调节通路中的 DEGs 在黄柏组和墨旱莲组主要为显著下调模式，体现出黄柏和墨旱莲对低等脊椎动物的免疫抑制效果，与已报道的黄柏和墨旱莲在人类和哺乳动物中具有抗炎消炎作用的研究结果相一致（Chen et al.，2011；Xian et al.，2011）。黄柏与墨旱莲对低等脊椎动物硬骨鱼与对高等脊椎动物人类及哺乳动物免疫调节作用的一致性，体现了硬骨鱼与哺乳动物免疫相关基因与通路的保守性。这也意味着硬骨鱼作为药理学研究的潜在模式生物具有良好的研究探索前景。

4.3.2　鸡血藤对棕点石斑鱼的免疫调节作用

　　表达谱研究结果表明，鸡血藤对棕点石斑鱼的免疫调节作用以促炎为主。Unigene 的 DGE 分析结果（图 3.2）和 DEG 的 GO 功能分类（图 3.4）都显示鸡血藤组的 DEG 模式与另外两个组（黄柏和墨旱莲组）有着显著的不同，黄柏和墨旱莲组的 DEG 大多数为下调，而鸡血藤组的 DEG 以上调为主导模式。这种鸡血藤组与另外两个用药组呈现相反的 DEG 调控模式几乎在所有 GO 功能分类的 3 个大类和 42 个亚分类中都有所体现。说明鸡血藤和其他两种中草药对棕点石斑鱼免疫调控的分子机理是截然不同的：黄柏和墨旱莲对棕点石斑鱼主要是消炎作用，而鸡血藤则显示出潜在的促炎作用。表达谱差异基因表达聚类分析和 KEGG 通路分析也证实在鸡血藤作用下多个免疫相关信号通路（如 MAPK，NF-κB）中的促炎因子显著上调，进一步证实了鸡血藤的促炎作用。本书的研究结论与 Li 等（2003）认为鸡血藤具有消炎作用的研究结论相反。这可能是由于在 Li 等（2003）的研究中，仅对环氧化酶-1［*COX*-1］、磷酸酯酶 A2、5-脂氧酶、12-脂氧酶和 *COX*-2 五个基因的表达情况进行了分析，根据 *COX*-2 基因上调，而其他 4 个基因下调的结果，认为鸡血藤具有消炎作用。本研究结果表明，鸡血藤除能引起棕点石斑鱼 *COX*-2 基因上调外，还能导致更多的炎症相关基因上调，其中包括重要的促炎因子白细胞介素 8（interleukin-8）、G 蛋白受体（G protein-coupled receptor）、Ⅰ类组织相容性复合体（MHC class Ⅰ）、beta-2 微球蛋白基因（beta-2 microglobulin gene）、维持正常抗体反应所需的 B 细胞受体（B-cell receptor）和 B 细胞抑制受体抗体（CD22 antigen）等，因此，本书研究结果表明鸡血藤对棕点石斑鱼的免疫调控作用以促炎为主。由此可见，相比于对个别基因进行分析，转录组分析由于能够提供在复杂的生物过程中整个基因组转录情况的宏观图景，从而避免了少量基因分析可能导致的管中窥豹、只见一斑的局限性，在中草药作用机制等研究中具有不可比拟的优势。

4.3.3　3种中草药在转录组水平所体现出的基因调控作用与其在中药理论中的药性、药效的一致性分析

中国有数千年应用中草药的历史。传统中药药性理论认为，中药具有寒、热、温、凉4种药性，这4种药性概括性地反映了药物对机体的作用性质。归属于寒性或凉性的中草药大多具有清热解毒、消炎消肿的功效，如黄柏、大黄、金银花等。归属于温性或热性的中草药体现出与寒凉药相反的作用，大多能够补火助阳、活血补气等作用，食用过量容易引起口干舌燥、内热火旺等上火症状（高学敏，2000；严正华，2006；金锐等，2012）。现代药理学研究也表明，很多寒凉性的中药都具有消炎作用，主要表现为往往能够下调促炎基因。然而，迄今为止还未见有关中药药性与其在转录组水平上的基因调控作用相关性的研究报道。本研究首次开展相关研究的结果表明，DEG以下调为主的墨旱莲和黄柏组在GO功能分类的几乎所有大类和亚类别中都与表现出与DEG上调为主的鸡血藤组截然相反的基因调控模式，其中，黄柏和墨旱莲都是寒凉药，而鸡血藤为温热药，本研究有关这3种中药在转录组水平所体现出的基因调控作用与它们在中药理论中的药性高度一致性。另一方面，若以3种中草药所调控的基因（显著差异基因）做聚类分析，得到了截然不同的另一种分组方式：鸡血藤和墨旱莲先聚为一支，黄柏单独为一支。由此可见，鸡血藤和墨旱莲调控的基因群总体相似度较高，而黄柏作用的基因群与这两种中药差异较大。比较这3种中草药的中医药效，发现鸡血藤和墨旱莲在功效上具有一定相似性，即都具有调血的功效，而黄柏则没有。由于鸡血藤和墨旱莲一个为活血作用，一个为止血作用，因此可以推测，这两种中草药都作用于血液系统，其作用的靶基因群具有一定的相似性，但作用方式相反，可能一个以上调为主；另一个以下调为主。因此，不同的分类依据对应了不同的转录组分析结果。总之，中草药具有成分复杂、多作用靶点及作用多效性等特点，若仅仅研究一味中药某一成分对个别基因的调控机理往往很难全面客观揭示其真正的作用机制和原理。本研究表明，转录组研究能够从宏观上体现药物对机体的综合作用效果，是研究中药对机体调控机制的有效手段。然而，若想真正揭示我国传统中药理论中药性的含义，对其进行科学解释，还需要运用包括转录组在内的多种组学、基因学的方法对更多种具有不同药性的中草药进行研究分析。

4.3.4　免疫增强剂或免疫抑制剂对鱼类健康的影响

生物机体的免疫系统是一个高度复杂且时刻变化的系统（De Souza and Bonorino，

2009），它努力在相对立的两方（促炎和消炎因子）之间维持动态平衡（Hardie et al., 1991；Sethi et al., 2009；Nardocci et al., 2014；Sun et al., 2015）。因此不管是过度激活的免疫系统还是过度抑制的免疫系统都不能称之为一个运作良好的免疫系统（Littman and Rudensky, 2010），从这点上来说，传统的观念所认为"免疫增强剂能够激活免疫系统进而增强免疫"的说法很可能具有局限性，其主要原因为对免疫增强剂的作用机制并不真正清楚。很多研究只报道了植物性免疫增强剂能在细胞水平激活机体的非特异性免疫机能，但这并不能全面了解其真正的作用机理（Direkbusarakom et al., 1996；Fast et al., 2008）。如在本研究筛选中草药免疫增强剂的预实验中，发现鸡血藤、墨旱莲和黄柏都能显著提高棕点石斑鱼的非特异性免疫能力（3 种中药都能显著提高棕点石斑鱼白细胞的呼吸暴发能力和吞噬能力），因此被认为是棕点石斑鱼免疫增强剂。但后续的转录组/表达谱分析发现，尽管表面上看 3 种药物都能显著提高棕点石斑鱼的非特异性免疫能力，实际上墨旱莲、黄柏与鸡血藤有着迥乎不同的分子作用机制：墨旱莲、黄柏以免疫抑制作用为主，而鸡血藤则是免疫激活作用为主。究竟哪种类型的免疫调节性中草药对水产养殖鱼类有益，应该与养殖鱼类的具体免疫状态有关。传统的鱼类免疫学研究认为在鱼类养殖过程中受到的各种慢性胁迫，如过量喂食、高密度、温度不宜和水质不良等都会增加皮质醇水平，进而导致免疫抑制（Takeuchi and Akira, 2010；Gregor and Hotamisligil, 2011；Jin and Flavell, 2013）。因此，为了消除免疫抑制，具有免疫刺激作用的免疫增强剂是有益的。然而，近年对高等哺乳动物的研究表明，长期的慢性胁迫，尤其是营养过剩所导致的慢性胁迫，会上调促炎因子，导致一种有害的慢性系统性炎症，并最终诱发多种病理状态（Fresno et al., 2011；Cohen et al., 2012；DeBoer, 2013；Powell et al., 2013；Alzahrani et al., 2014）。考虑到鱼类的免疫系统与高等脊椎动物有着很高的保守性，以及养殖场为了提高生长速度，过量喂食的情况几乎在所难免，因而在养殖鱼类中发生类似的慢性炎症状况是可以预见的。事实上已有研究表明，喂食高脂肪饲料的养殖鱼类其多个炎症相关基因和基因的表达产物呈现上调趋势（Wang et al., 2016b）。因此，如果养殖鱼类处于慢性炎症状态，使用免疫抑制剂而非免疫增强剂，将更有利于改善这种慢性炎症状态，帮助养殖鱼类恢复健康状态。需要特别指出的是，即使不考虑成本问题，长时间持续投喂任何一种具有免疫调节作用的中草药并不一定是有益的。今后将进一步延长中草药投喂时间，以研究探索长时间连续性投喂中草药对棕点石斑鱼免疫机能可能产生的确切影响。

4.3.5 黄柏对棕点石斑鱼 Fc gamma R 介导的细胞吞噬通路中 *IgG-CD45-Src-Myosin* 基因表达的抑制作用

黄柏是一味历史悠久、应用广泛的中药材。根据《中国药典》及总结古籍与临床经验，认为黄柏药效苦寒，具有清热燥湿、泻火解毒、消肿祛腐等功效；现代药理研究表明，黄柏具有较强的免疫抑制作用。早在 20 世纪 90 年代，邱全瑛等（1996）就观察到黄柏水煎剂及其主要生物碱-小檗碱能显著抑制小鼠对绵羊红细胞所导致的迟发型超敏反应和免疫球蛋白 IgM 的生成，抑制腹腔吞噬中性粒细胞功能。本研究通过对黄柏作用下的棕点石斑鱼基因表达变化进行分析，发现位于 Fc gamma R 介导的细胞吞噬通路中的 *IgG* 基因、*CD45* 基因、*Src* 基因和 *Myosin* 基因通路全部呈显著下调表达。巨噬细胞的吞噬作用在天然免疫反应中起重要作用，而 *IgG-CD45-Src-Myosin* 基因通路是巨噬细胞中调控吞噬作用的重要通路（Daeron，1997；Ravctch，1997；Roach et al.，1997；Ravetch and Bolland，2001；Cohen-Solal et al.，2004；Mason et al.，2006；Zhu et al.，2008；Vicente-Manzanares et al.，2009）。巨噬细胞的吞噬作用在天然免疫反应中起重要作用。巨噬细胞受到脂多糖（LPS）、病原体等刺激可以迅速被激活，一方面产生大量细胞因子，引起全身性炎症反应综合征（Systemic Inflammatory Response Syndrome，SIRS）的发生发展；另一方面可通过趋化功能迁移到感染或受损部位，吞噬异物、清除自身衰老和凋亡细胞，从而发挥重要的细胞免疫作用。有研究认为 SRC 调节腹腔巨噬细胞的先天性免疫功能可能与吞噬功能有关，而与其趋化功能无关（李军等，2014）。本研究发现在黄柏作用下，*IgG-CD45-Src-Myosin* 基因通路上系列基因递呈式下调，表明了黄柏对棕点石斑鱼的免疫抑制作用类似于黄柏对小鼠的免疫抑制作用，对吞噬细胞的吞噬作用进行了抑制。包括 SRC 基因在内的相关通路基因的下调为吞噬细胞吞噬作用下降的主要原因，似乎也与趋化功能无关。孙晓飞（2014）关于黄柏对棕点石斑鱼作用研究表明，黄柏可降低棕点石斑鱼外周血白细胞吞噬活性降低，与本书的研究结论一致。本研究首次揭示了黄柏抑制免疫吞噬作用的基因通路：黄柏通过抑制 *IgG* 的生成和 *IgG-CD45-Src-Myosin* 基因通路上各相关基因的表达抑制脊椎动物吞噬细胞的吞噬免疫作用。

4.3.6 黄柏、墨旱莲的免疫抑制作用在其他信号通路中的体现

在本研究中，与对照组相比，黄柏组和墨旱莲组棕点石斑鱼均在 MAPK 通路，IgG-BCR 通路和 *TLR5* 基因中出现显著下调的现象。而 MAPK 通路调节着细胞的生

长、分化、对环境的应激适应、炎症反应等多种重要的细胞生理/病理过程（Orton et al., 2005；Kim et al., 2016）。IgG-BCR 通路的激活将激发下游至少 4 个通路级联途径，主要包括 NF-κB、NF-AT、MAPK 和 FoxO 等通路（Xu et al., 2014）。*TLR*5 的激活能够引起 NF-κB 通路的连锁反应，进而激活一系列炎症相关基因，TLR5 的过量表达，会引发两种自身免疫系统疾病：克隆氏病和系统性红斑狼疮（Hawn et al., 2005；Gewirtz et al., 2006；Lun et al., 2008）。在本研究中，这 3 个通路/基因在黄柏组和墨旱莲组中得到显著抑制，体现了黄柏和墨旱莲对脊椎动物免疫相关通路/基因的免疫抑制作用，该结果与黄柏和墨旱莲的现代药理学研究结果一致。已有大量研究成果表明，黄柏和墨旱莲具抗炎、消炎的功效，尤其是黄柏具有较强的免疫抑制作用。如黄柏能够迅速消除炎症水肿（田代华，2000），显著降低溃疡性结肠炎肠组织中的促炎基因 *IL-1β* 的表达水平，发挥显著的抗炎作用（郑子春等，2010）。在感染创面和小鼠迟发型超敏反应实验中，黄柏能够下调相关组织中促炎因子（如 TNF-α、IFN-λ、IL-6 等），进而抑制免疫反应，达到消炎之功效（吕燕宁和邱全瑛，1999）。墨旱莲的消炎作用也多有报道，胡慧娟等（1995）和王晓丹等（2005）的研究表明，旱莲草水煎剂对包括巴豆油、醋酸、角叉菜胶、甲醛在内的多种促炎剂所导致的肿胀和急性毛细血管通透性增高都具有显著的免疫抑制效果。

在不同条件下，炎症反应既可以有抗癌作用，也可能有促癌作用，这主要取决于炎症反应的强度和性质。在大多数情况下，致癌炎症反应与慢性炎症反应更为相似，在这类炎症反应中产生的炎症因子不仅能够促进损伤组织修复，也能促进癌症细胞的存活和增生（Galli et al., 2010）。已有研究表明，有些 TLR 基因的激活将有利于肿瘤在体内的存活和增殖（Jego et al., 2006），换而言之，就是 TLR 基因的激活将有利于癌症的发生。因此，黄柏和墨旱莲的抗炎消炎作用的基因通路研究很可能对未来脊椎动物的抗慢性炎症及抗癌药物筛选以及作用靶位研究起到积极作用。

4.3.7 墨旱莲对棕点石斑鱼 JAK–STAT 通路中 *SOCS*1、*PIM*1 基因表达的影响

在棕点石斑鱼中，经 KEGG 注释的 JAK-STAT 信号通路相关基因达到 24 个，分别为 *EPO*、*IFN/IL10*、*Cytokine R*、*Cb*1、*JAK*、*SHP*1、*STAM*、*PI3K*、*SHP*2、*PIAS*、*STAT*、*GRB*、*AKT*、*SOS*、*P*48、*CBP*、*SOCS*、*PIM-*1、*CIS*、*c-Myc*、*CycD*、*BclXL*、*Spred*、*Sprouty* 基因。本研究表明墨旱莲作用于棕点石斑鱼后，引起 JAK-STAT 通路上的若干基因的差异表达，其中差异表达最为显著的基因为 *SOCS*1 基因和 *PIM*1 基

因。在哺乳动物中，JAK/STAT信号通路主要参与调节机体的免疫、生长、分化、增殖、造血等（Li，2008；Proia et al.，2011；洪璇和张艳桥，2011；宋舟等，2012）；过表达SOCS1引起小鼠胰岛素抵抗，增加肝脂肪酸合成因子SREBP-lc的表达（戴梓茹，2015）。墨旱莲能够调节*JAK-STAT*通路基因，显著降低SOCS1表达，这在一定程度上与墨旱莲在《中国药典》中记载的止血和保肝等主要功效，具有良好的一致性。已有研究表明，SOCS1a参与调节斑马鱼的造血和免疫等功能。SOCS1a表达的下降会导致斑马鱼GH信号通路活化，糖异生、脂分解作用增强，从而促进肝代谢，使鱼体脂肪明显减少（戴梓茹，2015）。墨旱莲的降血脂作用同样在高等脊椎动物中得到证实，Kumari等（2006）的研究发现，墨旱莲的醇提物能有效调节小鼠的脂类代谢，降低其总胆固醇、甘油三酯等血脂指标水平。因此，拌料投喂墨旱莲可导致棕点石斑鱼头肾中的SOCS1表达显著下调，从而可能在一定程度上调节棕点石斑鱼的造血功能和脂肪代谢，发挥达到促进脂肪分解、增强肝代谢、增进鱼体健康的作用。由此推测，墨旱莲的降血脂作用，很可能是通过调低SOCS1的表达，进而影响了JAK-STAT与GH通路上的一系列基因而实现的。

已有大量研究表明，墨旱莲的多种成分具有抗肿瘤作用。如墨旱莲中的旱莲苷成分及乙醇提取物都具有体外抑制肝癌细胞活性（Liu et al.，2012）。墨旱莲中的香豆素类成分能显著降低乳腺癌细胞的细胞毒性（Lee et al.，2012）；墨旱莲中的木犀草素和齐墩果酸成分也具有抑制多种肿瘤形成、增殖、转移以及诱导肿瘤细胞凋亡的功效（Sadzuka et al.，1997；Li et al.，2001；Kotanidou et al.，2002；Ovesna et al.，2004；Hsu et al.，2005）。本研究结果也表明，墨旱莲可使低等脊椎动物棕点石斑鱼头肾的*PIM*1基因显著下调。*PIM*1基因是一类具有色氨酸激酶活性的与细胞生存和增殖相关的原癌基因（Kumar et al.，2005；Borillo et al.，2010），*PIM*1基因的显著下调，有可能是墨旱莲抗肿瘤作用的另一个调控作用途径。本研究首次发现*PIM*1基因可能是墨旱莲抗肿瘤作用中的潜在调控基因，为进一步揭示墨旱莲的抗肿瘤作用机制提供了一个新的研究方向。

4.3.8　鸡血藤对*COX-2*基因的上调作用

根据《中国药典》记载，鸡血藤是一味经典的活血化瘀类中药，其主要功效包括活血补血、调经止痛等（国家药典委员会，2015）。对鸡血藤的现代药理学研究也证实，鸡血藤能够促进骨髓细胞的增殖，刺激造血祖细胞增殖分化，诱导一系列细胞因子样活性物质分泌，激活造血系统（陈东辉等，2004）。刘屏等（2004）的研究发现，鸡血藤促进骨髓细胞造血的分子机理是鸡血藤能使两个造血正调控因子（IL-6、GM-CSF）表达显著升高。本研究发现，在鸡血藤的作用下，棕点石斑鱼头

肾 COX-2 基因显著上调。而早期研究表明 COX-2 基因高表达能够促进皮肤黏膜溃疡愈合，促进血管内皮生长因子诱导的血管新生的作用。过表达的 COX-2 能够显著增加微血管密度（Futagami et al.，2002；Satoko et al.，2003；Chang et al.，2004；祝慧凤等，2006）。结合已有的 COX-2 基因及鸡血藤的研究成果，本研究成果从另一个角度对前期研究成果进行了有益的补充。我们推测，鸡血藤有可能是通过对 COX-2 基因的调节，进而调节了机体血管新生的速度及微血管密度，再结合其刺激造血祖细胞的增殖等功效，最终达到其活血、降血压、抗血栓形成的功效。

第 5 章 结 论

5.1 3种中草药对棕点石斑鱼生长、非特异性免疫及抗病力的影响

鸡血藤、墨旱莲、黄柏连续投喂56 d后，用药组与对照组棕点石斑鱼相比，其增重率、特定生长率、肝体比和脾体比并无显著差异。在连续投喂中草药的第7天、第14天、第28天和第56天对3个用药组与对照组同时进行非特异性免疫指标测定及攻毒发现：①同一种中草药对棕点石斑鱼的非特异性免疫和抗病力的调节功能随延续投喂时间的变化而变化；②不同种中草药对棕点石斑鱼的非特异免疫与抗病力的调节功能有显著差异；③棕点石斑鱼的非特异免疫指标与抗病力之间并无显著的相关性。

5.2 棕点石斑鱼转录组 *de novo* 测序与分析

共得到 Unigene 80 014 个，其中注释到 NR 库上的基因为 39 026 个，NT 库为 46 937 个，Swiss-Prot 库为 33 616 个，KEGG 库为 27 457 个，COG 库为 11 700 个，GO 库为 22 738 个。得到 KEGG 注释的头肾转录组 Unigene 被分配到 258 个已知的代谢和信号传导通路中，对这些通路进行分析，发现 Unigene 分布最多的二级、三级通路几乎都与免疫/疾病相关，因而从侧面印证了头肾作为棕点石斑鱼的免疫器官的重要作用。此外，通过转录组测序，本研究还获得到了棕点石斑鱼的几个代表性的免疫相关通路及相关基因序列信息，包括 MAPK 信号通路的 42 个基因、Fc gamma R-mediated phagocytosis 信号通路的 40 个基因和 JAK-STAT 信号通路的 25 个基因。多个经典免疫相关通路上大量基因在棕点石斑鱼的转录组中得到注释，也再次证实了棕点石斑鱼作为低等脊椎动物与高等脊椎动物（如哺乳动物和鱼类）相比在免疫系统进化上的保守性。总之，棕点石斑鱼头肾的转录组测序结果获得了中草药作用下棕点石斑鱼头肾参考基因组序列，并获取了大量与棕点石斑鱼免疫相关的

候选通路及基因的序列信息，为进一步研究中草药作用下棕点石斑鱼的免疫调控机制提供了有参考价值的背景信息。

5.3　棕点石斑鱼表达谱测序与分析

研究结果表明，鸡血藤、墨旱莲、黄柏在转录组水平对棕点石斑鱼机体的调控模式与 3 种中草药的药性、药效具有较好的对应关系。差异基因表达的 GO 功能分类图显示，DEG 以下调为主的墨旱莲组和黄柏组在 GO 功能分类的几乎所有大类和亚类别中都表现出与 DEG 上调为主的鸡血藤组截然相反的基因调控模式。其中，黄柏和墨旱莲都是寒凉药，而鸡血藤为温热药，这 3 种中药在转录组水平所体现出的基因调控作用与其在中药理论中的药性高度一致。另一方面，对显著差异表达基因数不小于 4 的 KEGG Pathway 进行聚类分析后得到的热图显示，墨旱莲和鸡血藤对棕点石斑鱼作用后产生显著差异的 Pathway 相似性较高，即墨旱莲与鸡血藤对棕点石斑鱼作用的主要生化代谢途径更为相似。比较这 3 种中草药的中医药效，发现鸡血藤和墨旱莲在功效上具有一定相似性，即都具有调血的功效，而黄柏则没有。因此可以推测，鸡血藤和墨旱莲都作用于血液系统，其作用的靶基因群具有一定的相似性，但作用方式相反，可能一个以上调为主；另一个以下调为主。因此 KEGG Pathway 聚类分析结果与这 3 种中草药的药效也体现了一定的对应性。

5.4　3 种中草药对棕点石斑鱼机体进行免疫调节的主要相关通路与基因

在黄柏作用下，棕点石斑鱼 Fc gamma R 介导的细胞吞噬通路中的 *IgG-CD45-Src-Myosin* 基因显示递呈式下调表达。本研究首次揭示了黄柏抑制免疫吞噬作用的基因通路：即黄柏通过抑制 IgG 的生成和 *IgG-CD45-Src-Myosin* 基因通路上各相关基因的表达抑制脊椎动物吞噬细胞的吞噬免疫作用。此外，黄柏、墨旱莲的免疫抑制作用在其他信号通路中也有所体现，黄柏组和墨旱莲组棕点石斑鱼在 MAPK 通路、IgG-BCR 通路和 *TLR5* 基因中均表现为显著下调。这些通路和基因的下调，与已报道的黄柏和墨旱莲的抗炎消炎作用一致。RNA-Seq 分析还显示墨旱莲能够使棕点石斑鱼头肾中的 SOCS1 表达量显著下调，由于 SOCS1 具有参与调节鱼类造血和脂肪代谢等功能，因此墨旱莲可能在一定程度上调节棕点石斑鱼的造血功能和代谢。由此推测，墨旱莲的调血和降血脂作用，很可能是通过调低 SOCS1 的表达，进而影响了 JAK-STAT 与 GH 通路上的一系列基因而最终实现的。另外，墨旱莲可使棕点石斑鱼的原癌基因 *PIM* 显著下调，这有可能是墨旱莲抗肿瘤作用的一个潜在调控途径。传统医学和现代研究都发现鸡血藤具有活血补血的功效，本研究也表明，鸡血藤能够显著上调具有促进血管新生作用的 *COX*-2 基因的表达，因此，它有可能是通过对 *COX*-2 基因的调节，进而调节了机体血管新生的速度及微血管密度，再结合鸡血藤刺激造血祖细胞的增殖和分化，缓解造血祖细胞内源性增殖缺陷等其他作用，最终达到其活血、降血压、抗血栓形成的功效。

参考文献

阿地拉·艾皮热，张富春，等，2016. 中草药免疫增强功能的研究进展 [J]. 细胞与分子免疫学杂志，(03)：423-426.

安德森，1984. 鱼类免疫学 [M]. 张寿山，华鼎可，译. 北京：农业出版社.

蔡春芳，2004. 青鱼 (*Mylopharyngodon pieces* Richardson) 和鲫 (*Carassius auratus*) 对饲料糖的利用及其代谢机制的研究 [D]. 上海：华东师范大学.

蔡春芳，宋学宏，潘兴法，等，2002. 几种抗病促生长剂对银鲫生长和免疫力的影响 [J]. 水利渔业，22 (2)：20-22.

常青，梁萌青，关长涛，等，2010. 硒和维生素 E 对牙鲆生长和非特异性免疫力的影响 [J]. 渔业科学进展，31 (5)：92-96.

陈超然，陈晓辉，陈昌福，2000. 口服甘草素对中华鳖稚鳖抗嗜水气单胞菌感染的作用 [J]. 华中农业大学学报，19 (6)：577-580.

陈东辉，罗霞，余梦瑶，等，2004. 鸡血藤煎剂对小鼠骨髓细胞增殖的影响 [J]. 中国中药杂志，29 (4)：352-355.

陈欢，2011. 两个小麦赤霉素合成途径相关基因克隆与功能分析 [D]. 杭州：浙江大学.

陈锦英，何建民，何庆，1994. 中草药对致肾盂肾炎大肠杆菌粘附特性的抑制作用 [J]. 天津医药，22 (10)：579-581.

陈蕾，邸大琳，2006. 黄柏体外抑菌作用研究 [J]. 时珍国医国药，(05)：759-760.

陈琴，2002. 中草药饲料添加剂在水产养殖中的应用 [J]. 内陆水产，(6)：18-19.

陈晓燕，胡超群，陈偿，等，2003. 人工养殖点带石斑鱼弧菌病病原菌的分离及鉴定 [J]. 海洋科学，(06)：68-72.

陈信忠，龚艳清，苏亚玲，等，2005. 福建南部养殖石斑鱼匹里虫 (*Pleistophora* sp.) 病观察 [J]. 福建水产，(1)：30-33.

陈信忠，苏亚玲，龚艳清，等，2004. 逆转录聚合酶链式反应 (RT-PCR) 检测 5 种养殖石斑鱼的神经坏死病毒 [J]. 中国水产科学，11 (3)：202-207.

陈永云，2011. 中草药饲料添加剂在畜禽生产中的应用研究进展 [J]. 福建畜牧兽医，(03)：22-24.

成庆泰，郑葆珊，1987. 中国鱼类系统检索 [M]. 北京：科学出版社.

程敏，胡正海，2010. 墨旱莲的生物学和化学成分研究进展 [J]. 中草药，41 (12)：2116-2118.

崔青曼，张耀红，袁春营，2001. 中草药、多糖复方添加剂提高河蟹机体免疫力的研究 [J]. 水利渔业，21 (4)：40-41.

崔艳君，陈若芸，2002. 鸡血藤化学和药理研究进展 [J]. 天然产物研究与开发，15 (4)：72-78.

戴梓茹，2015. 敲除 SOCS1a 引起斑马鱼肝脂肪变性和胰岛素抵抗［D］. 武汉：华中科技大学.

董福慧，金宗濂，郑军，等，2006. 四种中药对骨愈合过程中相关基因表达的影响［J］. 中国骨伤，10：595-597.

杜爱芳，叶均安，于涟，1997. 复方大蒜油添加剂对中国对虾免疫机能的增强作用［J］. 浙江农业大学学报，23（3）：317-320.

冯娟，林黑着，郭志勋，等，2012. 几种中草药混合剂对军曹鱼稚鱼生长性能、全鱼营养组成及免疫的影响［J］. 广东农业科学，22：136-141.

付亚成，肖克宇，2008. 中草药在水产动物病害防治中的研究进展［J］. 北京水产，（04）：64-67.

高吉强，2014. 浅谈青石斑鱼病害综合防治技术［J］. 农业与技术，（11）：181-182.

高学敏，2000. 中药学［M］. 北京：人民卫生出版社，46-50.

戈贤平，缪凌鸿，刘波，2015. 中草药增强水生动物免疫和抗病能力的研究进展［J］. 中国渔业质量与标准，（06）：1-7.

葛海燕，2007. 皮质醇和壳聚糖对黄颡鱼免疫机能及生长的影响［D］. 武汉：华中农业大学.

龚艳清，陈信忠，王军，等，2006. 福建南部养殖石斑鱼暴发性疾病流行调查［J］. 福建农业大学学报，（5）：532-537.

辜良斌，徐力文，冯娟，等，2015. 豹纹鳃棘鲈尾部溃烂症病原菌的鉴定与药敏试验［J］. 南方水产科学，（04）：71-80.

郭金鹏，庞佶，王新为，等，2007. 鸡血藤水提物体外抗肠道病毒作用研究［J］. 实用预防医学，14（2）：349-351.

郭明兰，苏永全，陈晓峰，等，2008. 云纹石斑鱼与褐点石斑鱼形态比较研究［J］. 海洋学报，30（6）：106-114.

郭萍萍，陈增生，胡凡光，等，2013. 复合中草药饲料添加剂对大菱鲆生长的影响［J］. 渔业现代化，40（5）：64-68.

郭志坚，郭书好，何康明，等，2002. 黄柏叶中黄酮醇甙含量测定及其抑菌实验［J］. 暨南大学学报（自然科学版），23（5）：64-66.

国家药典委员会，2015. 中华人民共和国药典 2015 年版一部［S］. 北京：中国医药科技出版社.

何俊，李毓琦，魏素萱，等，1992. 黄芪、女贞、旱莲合剂对小鼠免疫功能的影响［J］. 华西医科大学学报，23（4）：408.

洪宁，胡信雷，耿春辉，2007. 活血通络中药复方对家兔骨折后血清碱性磷酸酶、钙、磷的影响［J］. 淮海医药，25（5）：420-424.

洪璇，张艳桥，2011. JAK-STAT 信号传导通路在肿瘤中的研究进展［J］. 基础医学与临床，31（4）：463-466.

侯婷婷，钟志平，刘缨，等，2016. 青石斑鱼海水循环水养殖水体的细菌群落特征［J］. 微生物学报，2：253-263.

胡慧娟，杭秉茜，刘勇，1992. 旱莲草对免疫系统的影响［J］. 中国药科大学学报，23（1）：55-57.

胡慧娟，周德荣，杭秉茜，等，1995. 旱莲草的抗炎作用及机制研究［J］. 中国药科大学学报，26（4）：226-229.

胡金城, 刘金兰, 吕爱军, 等, 2016. 中草药在水产养殖中的应用 [J]. 天津水产, (1): 15-22.

胡俊青, 胡晓, 2009. 黄柏化学成分和药理作用的现代研究 [J]. 当代医学, 15 (7): 139-141

胡世莲, 陈礼明, 刘圣, 1997. 墨旱莲研究进展 [J]. 中医药学报, (6): 28-29.

黄洪敏, 邵健忠, 项黎新, 2005. 鱼类免疫增强剂的研究现状与进展 [J]. 水产学报, 29 (4): 552-559.

黄克安, 朱木洛, 吴杏清, 1985. 莨菪类药物防治草鱼出血病试验 [J]. 鱼病简讯, 1: 20-23.

黄琳, 2015. 牙鲆免疫相关基因及热休克蛋白基因的转录表达 [D]. 青岛: 中国科学院研究生院 (海洋研究所).

黄瑞芳, 周宸, 林克冰, 等, 2004. 石斑鱼病害综合防治技术 [J]. 渔业现代化, (6): 27-29.

黄小丽, 邓永强, 2004. 中草药免疫增强剂在水产上的开发应用 [J]. 内陆水产, (8): 24-26.

黄玉柳, 黄国秋, 2010. 中草药在水产健康养殖中的应用 [J]. 安徽农业科学, 11: 5725-5727.

季延滨, 孙学亮, 邢克智, 等, 2012. 12 种中草药对牙鲆幼鱼的诱食效果的研究 [J]. 中国水产, 5: 62-65.

冀秀玲, 刘芳, 沈群辉, 等, 2011. 养殖场废水中磺胺类和四环素抗生素及其抗性基因的定量检测 [J]. 生态环境学报, 5: 927-933.

贾春红, 2013. 抗致病性弧菌及希瓦氏菌有效中药与方剂的筛选、抗菌机理研究 [D]. 湛江: 广东海洋大学.

贾美华, 1994. 墨旱莲在血证中的运用 [J]. 辽宁中医杂志, 21 (1): 43.

江海艳, 王春妍, 2008. 大承气汤对急性肝损伤大鼠 TNF2A、IL-6 及 NO 含量的影响 [J]. 吉林中医药, 28 (11): 845-846.

江西大学生物系, 1979. 鱼用中草药 [M]. 南昌: 江西人民出版社.

姜志强, 史会来, 赵翀, 2008. 中草药添加剂对真鲷幼鱼生长和蛋白消化吸收的影响 [J]. 大连水产学院学报, 23 (1): 63-67.

姜志勇, 王智勇, 李志斐, 2016. 中草药制剂对草鱼生长和非特异性免疫效应的研究 [J]. 黑龙江水产, 3: 44-48.

蒋锦坤, 2012. 壳聚糖对虹鳟 (*Oncorhynchus mykiss*) 和星斑川鲽 (*Platichthys stellatus*) 幼鱼生长及非特异性免疫的影响 [D]. 上海: 上海海洋大学.

蒋昕彧, 张超, 李旭东, 等, 2015. 鱼用疫苗免疫效果评价的研究进展 [J]. 水产科学, 10: 662-666.

缴稳苓, 1997. 中药对幽门螺杆菌抑制作用的研究 [J]. 天津医药, 25 (12): 740-741.

金锐, 张冰, 刘小青, 等, 2012. 中药寒热药性表达模糊评价模式的理论与实验研究 [J]. 中西医结合学报, 10 (10): 1106-1119.

景辉, 白秀珍, 杨学东, 等, 2005. 墨旱莲对小鼠胸腺细胞凋亡的调节作用 [J]. 数理医药学杂志, 18 (4): 318-320.

孔祥迪, 陈超, 李炎璐, 等, 2014. 4 种常用消毒药物对棕点石斑鱼 (♀) ×鞍带石斑鱼 (♂) 受精卵孵化的影响 [J]. 渔业科学进展, 35 (5): 122-127.

赖迎迢, 陶家发, 孙承文, 等, 2014. 鱼源溶藻弧菌生物学特性和病理组织学观察 [J]. 微生物学报, (11): 1378-1384.

雷爱莹，曾地刚，2008. 复方中草药对凡纳滨对虾热应激蛋白 70 基因表达的影响 [J]. 广西农业科学，39 (6)：830-833.

黎庆，龚诗雁，黎明，2015. 慢性氨氮暴露诱发黄颡鱼幼鱼谷氨酰胺积累、氧化损伤及免疫抑制的研究 [J]. 水产学报，(5)：728-734.

李呈敏，1993. 中药饲料添加剂 [M]. 北京：中国农业大学出版社.

李传伦，朱清贤，1999. 鱼病防治用药的负面效应 [J]. 水产科学，(4)：46-47.

李春洋，白秀珍，程静，等，2005. 墨旱莲全草、茎、叶提取液对肝保护作用的研究 [J]. 数理医药学杂志，18 (6)：76-78.

李峰，贾彦竹，2004. 黄柏的临床药理作用 [J]. 中医药临床杂志，16 (2)：191.

李华，张太娥，李强，2013. 复方中草药对大菱鲆非特异性免疫力的影响 [J]. 大连海洋大学学报，2：115-120.

李金龙，胡毅，郁志利，等，2013. 复方中草药对黄鳝生长、非特异性免疫及肠道消化酶活性的影响 [J]. 饲料工业，16：26-30.

李敬玺，刘继兰，王选年，等，2007. 超氧化物歧化酶研究和应用进展 [J]. 动物医学进展，7：70-75.

李军，白树荣，林露，等，2014. 小鼠腹腔巨噬细胞趋化和吞噬功能中 SRC-3 的作用研究 [J]. 西南国防医药，24 (2)：125-128.

李凌，吴灶和，2001. 鱼类体液免疫研究进展 [J]. 海洋科学，25 (11)：20-22.

李梅芳，张文杰，毛芝娟，等，2014. 投喂中草药对大黄鱼几种免疫酶活性的影响 [J]. 水产科学，11：718-722.

李培峰，方允中，1994. 活性氧对蛋白质的损伤作用 [J]. 生命的化学（中国生物化学会通讯），6：1-3.

李霞，马驰原，李雅娟，等，2011. 中草药对牙鲆免疫力的影响 [J]. 东北农业大学学报，3：60-67.

李小白，向林，罗洁，等，2013. 转录组测序（RNA-seq）策略及其数据在分子标记开发上的应用 [J]. 中国细胞生物学学报，35：720-726.

李义，宋学宏，蔡春芳，等，2002. 复方中药添加剂对罗氏沼虾免疫功能的增强作用 [J]. 饲料工业，23 (7)：45-47.

李智奕，宁维，陈利平，等，2013. 新一代测序技术及其在植物转录组研究中的应用 [J]. 河南农业科学，12：1-5.

李仲兴，王秀华，赵建宏，等，2000. 用新方法进行黄柏对 224 株葡萄球菌的体外抗菌活性研究 [J]. 中医药信息，5：33-35.

李宗友，1995. 黄柏中抑制细胞免疫反应的成分 [J]. 国外医学（中医中药分册），17 (6)：47.

梁惜梅，施震，黄小平，2013. 珠江口典型水产养殖区抗生素的污染特征 [J]. 生态环境学报，2：304-310.

林浩然，2012. 石斑鱼类养殖技术体系的创建和石斑鱼养殖产业持续发展的思考 [J]. 福建水产，34 (1)：1-10.

林建斌，朱庆国，梁萍，等，2010. 不同添加剂与组合对欧洲鳗生长和免疫力的影响 [J]. 上海海洋大学学报, 19 (6)：772-777.

林克冰, 吴建绍, 黄兆斌, 等, 2014. 一株斜带石斑鱼 (*Epinephelus coioides*) 病原菌的分离与鉴定 [J]. 福建水产, 6：419-427.

刘波, 2012. 高温应激与大黄蒽醌提取物对团头鲂生理反应及相关应激蛋白表达的影响 [D]. 南京：南京农业大学.

刘红柏, 张颖, 卢彤岩, 等, 2004. 饲料中添加中草药对鲤免疫功能的影响 [J]. 集美大学学报 (自然科学版), 9 (4)：317-320.

刘红亮, 郑丽明, 刘青青, 等, 2013. 非模式生物转录组研究 [J]. 遗传, (8)：955-970.

刘宏胜, 张万祥, 王铭革, 2001. 基因与中药发展 [J]. 中药研究与信息, (4)：46-47.

刘屏, 王东晓, 陈若芸, 等, 2004. 儿茶素对骨髓细胞周期及造血生长因子基因表达的作用 [J]. 药学学报, 39 (6)：424-428.

刘世旺, 徐艳霞, 徐霞玲, 等, 2008. 墨旱莲叶水提取物止血活性初探 [J]. 安徽农业科学, 36 (31)：13673-13674.

刘铁铮, 张小葵, 王桂春, 等, 2011. 不同中药组方对鲤生长、非特异性免疫及淋巴细胞转化的影响 [J]. 水产科学, 30 (8)：445-450.

刘雪英, 王庆伟, 蒋永培, 等, 2002. 墨旱莲乙酸乙酯总提物对正常小鼠免疫功能的影响 [J]. 中草药, 33 (4)：55-57.

刘雪英, 赵越平, 蒋永培, 等, 2001. 墨旱莲乙酸乙酯总提物对 T 淋巴细胞功能的调节 [J]. 第四军医大学学报, 22 (8)：45-47.

刘岳, 2011. 四种中草药多糖对梭鱼苗诱食效果的研究 [J]. 天津水产, Z1：34-38.

龙学军, 2011. 论中草药在水产养殖疾病防治上的应用 [J]. 黑龙江水产, (4)：31-35.

卢彤岩, 刘红柏, 杨雨辉, 2001. 两种中草药对鲤非特异性免疫功能影响的研究 [J]. 鱼类病害研究, 23 (3)：85.

吕飞杰, 张振文, 尹道娟, 等, 2015. 木薯叶乙醇提取物对图丽鱼和罗非鱼生长影响的研究 [J]. 中国热带农业, 1：5-8.

吕燕宁, 邱全瑛, 1999. 黄柏对小鼠 DTH 及其体内几种细胞因子的影响 [J]. 北京中医药大学学报, 22 (6)：48-50.

罗鸣, 陈傅晓, 刘龙龙, 等, 2013. 我国石斑鱼养殖疾病的研究进展 [J]. 水产科学, 32 (9)：549-554.

罗霞, 陈东辉, 余梦瑶, 等, 2005. 鸡血藤煎剂对小鼠红细胞增殖的影响 [J]. 中国中药杂志, 30 (6)：477-479.

马爱敏, 闫茂仓, 常维山, 等, 2009. 柴胡对美国红鱼免疫机能的影响 [J]. 海洋通报, (4)：35-41.

马嵩, 陈葵, 2013. 甲壳类动物免疫增强剂的研究进展 [J]. 水产营养与饲料科技, (9)：13-17.

马自佳, 1998. 鱼病中药防治 [M]. 北京：中国农业大学出版社.

梅冰, 周永灿, 徐先栋, 等, 2010. 斜带石斑鱼烂尾病病原菌的分离与鉴定 [J]. 热带海洋学报, 6：118-124.

孟正木, 小野克彦, 中根英雄, 等, 1995. 八种中草药的抗病毒活性研究 [J]. 中国药科大学学报, 26

（1）：33-36.

明建华，2011. 大黄素和维生素C对团头鲂生长、非特异性免疫以及抗应激的影响［D］. 南京：南京农业大学.

南云生，毕晨蕾，1995. 炮制对黄柏部分药理作用的影响［J］. 中药材，18（2）：81-83.

牛红军，岳鹍，滕文华，等，2012. 过氧化物酶和PeroxiBase过氧化物酶数据库［J］. 生命科学研究，6：539-544.

农业部渔药手册编撰委员会，1998. 渔药手册［M］. 北京：中国科学技术出版社，292-362.

齐茜，刘晓勇，刘红柏，等，2012. 复方中草药对西伯利亚鲟亲鱼血清生化指标的影响［J］. 东北农业大学学报，12：134-138.

齐遵利，张秀文，韩叙，2010. 中草药对水产动物免疫促进作用的研究进展［J］. 安徽农业科学，20：10734-10736.

祁云霞，刘永斌，荣威恒，2011. 转录组研究新技术：RNA-seq及其应用［J］. 遗传，33（11）：1191-1202.

秦建鲜，黄锁义，2014. 鸡血藤药理作用的研究进展［J］. 时珍国医国药，25（1）：180-183.

秦启伟，潘金培，1996. 创伤弧菌疫苗对青石斑鱼的免疫学效应和安全性［J］. 热带海洋，15（2）：7-12.

邱全瑛，谭允育，赵岩松，等，1996. 黄柏和小檗碱对小鼠免疫功能的影响［J］. 中国病理生理杂志，12（6）：664.

饶颖竹，梁静真，陈蓉，等，2016. 海水养殖斜带石斑鱼致病性鳗弧菌的分离鉴定及药敏试验［J］. 南方农业学报，8：1416-1422.

任笑传，程凤银，2013. 墨旱莲的化学成分、药理作用及其临床应用［J］. 解放军预防医学杂志，31（6）：559-561.

商云霞，罗燕，谷新利，等，2015. 中草药添加剂对绵羊肉中鲜味物质质量分数及ADSL基因表达的影响［J］. 西北农业学报，4：31-37.

沈桂明，2016. 珍珠龙胆石斑鱼幼鱼皮肤溃疡病病原的研究［D］. 上海：上海海洋大学.

盛竹梅，黄文，张英杰，等，2012. 一种复方中草药制剂对黄颡鱼非特异性免疫机能和抗病力的增强作用［J］. 华中农业大学学报，2：243-246.

施嫣嫣，张丽，丁安伟，2011. 墨旱莲化学成分及药理作用研究［J］. 吉林中医药，31（1）：68-70.

宋春雨，2012. 苦地胆内酯对嗜水气单胞菌感染斑马鱼的保护效果及其机理初探［D］. 湛江：广东海洋大学.

宋舟，张立艳，董海兵，等，2012. JAK-STAT信号通路研究进展［J］. 中国畜牧兽医，39（6）：128-132.

苏亚玲，2008. 网箱养殖石斑鱼病毒性神经坏死病流行调查［J］. 海洋科学，9：52-56.

孙方达，2012. 二化螟神经组织转录组分析与部分神经肽及神经肽受体的基因克隆［D］. 杭州：浙江大学.

孙广仁，郑洪新，2012. 中医基础理论［M］. 北京：中国中医药出版社.

孙明瑜，王磊，慕永平，等，2011. 茵陈蒿汤对二甲基亚硝胺与四氯化碳诱导的肝硬化大鼠模型凋亡相关基因影响的比较研究 [J]. 中西医结合学报, 4: 423-434.

孙晓飞, 2014. 棕点石斑鱼中草药免疫增强剂的筛选及其非特异性免疫增强效果研究 [D]. 海口: 海南大学.

孙晓飞, 郭伟良, 谢珍玉, 等, 2015. 棕点石斑鱼中草药免疫增强剂的快速筛选 [J]. 渔业科学进展, 1: 54-60.

孙晓蛟, 2013. 益母草对绿壳蛋鸡生产性能、血清指标及相关基因表达的影响 [D]. 哈尔滨: 东北农业大学.

孙秀秀, 2016. 老虎斑锥体虫病 一种新的寄生虫感染石斑鱼 [J]. 海洋与渔业, 8: 48.

覃华, 刘梅, 刘雪英, 等, 2002. 墨旱莲的免疫抑制作用 [J]. 陕西中医, 23 (1): 73-74.

覃映雪, 池信才, 苏永全, 等, 2004. 网箱养殖青石斑鱼的溃疡病病原 [J]. 水产学报, 3: 297-302.

谭娟, 邓雨飞, 曹宇舰, 等, 2015. 饲料中添加复方中草药对草鱼幼鱼生长、肌肉成分及免疫相关酶活性的影响 [J]. 广东农业科学, 10: 109-113.

唐勇, 何薇, 王玉芝, 等, 2007b. 鸡血藤黄酮类组分抗肿瘤活性研究 [J]. 中国实验方剂学杂志, 13 (2): 51-54.

唐勇, 王笑民, 何薇, 等, 2007a. 鸡血藤提取物体外抗肿瘤实验研究 [J]. 中国中医基础医学, 13 (4): 306-308.

滕晓坤, 肖华胜, 2008. 基因芯片与高通量 DNA 测序技术前景分析 [J]. 中国科学 (C 辑: 生命科学), 10: 891-899.

田代华, 2000. 实用中医对药方 [M]. 北京: 人民卫生出版社, 687, 697.

田照辉, 卢俊红, 朱华, 等, 2015. 一种免疫增强剂对北京地区草鱼种生长和抗病力的影响 [J]. 淡水渔业, 6: 85-88, 112.

同心, 1996. 消化系统疾病的汉方治疗: 黄柏提取物的抗溃疡效果 [J]. 国外医学 (中医中药分册), 18 (5): 34.

王春清, 吕树臣, 张克勤, 等, 2014. 复方中草药添加剂对细鳞鱼生长性能的影响 [J]. 中国兽医杂志, (02): 83-84.

王大鹏, 曹占旺, 谢达祥, 等, 2012. 石斑鱼的研究进展 [J]. 南方农业学报, 43 (7): 1058-1065.

王荻, 刘红柏, 2013. 中草药方剂对施氏鲟非特异性免疫功能的影响 [J]. 江西农业大学学报, 2: 249-254.

王海华, 2004. 中草药防治水产动物疾病及药理学研究进展 [J]. 中兽医学杂志, 4: 37-41.

王海华, 黄江峰, 盛银平, 等, 2005. 渔用中药免疫增强剂研究进展 [J]. 中国兽药杂志, 39 (1): 41-44.

王海华, 盛银平, 曹义虎, 等, 2005. 鱼用免疫增强剂的作用机制及其应用研究进展 [J]. 兽药与饲料添加剂, 2: 25-27.

王吉桥, 孙永新, 张剑诚, 2006. 金银花等复方草药对牙鲆生长、消化和免疫能力的影响 [J]. 水产学报, 30 (1): 90-95.

王家敏, 2011. 复方中草药对吉富罗非鱼免疫相关基因表达的影响 [D]. 湛江: 广东海洋大学.

王景华, 1998. 鱼用中草药添加剂 [J]. 兽药与饲料添加剂, 3 (2): 27-29.

王可宝，2011. 饲料中不同水平维生素 D_3 对团头鲂生产性能、非特异性免疫及抗病原菌感染的影响 [D]. 南京：南京农业大学.

王莉，2013. 坛紫菜响应失水胁迫的转录组和表达谱特征分析 [D]. 青岛：中国海洋大学.

王谦，耿益民，魏民，等，2001. 几种中药有效成分对大鼠系膜细胞 IL-6 mRNA 表达的影响 [J]. 中国病理生理杂志，1：24-25.

王庆奎，2012. 当归多糖对点带石斑鱼非特异性免疫力的影响 [D]. 青岛：中国海洋大学.

王三龙，2003. 中草药活性成分 DRG 和 HS-2 抗癌活性的细胞分子生物学研究 [D]. 沈阳：沈阳药科大学.

王思芦，2013. 动物免疫增强剂的研究进展 [J]. 中国畜牧兽医，5：195-199.

王巍，王晋桦，赵德忠，等，1991. 鸡血藤、鬼箭羽和土鳖虫调脂作用的比较 [J]. 中国中药杂志，16 (5)：299-301.

王曦，汪小我，王立坤，等，2010. 新一代高通量 RNA 测序数据的处理与分析 [J]. 生物化学与生物物理进展，37 (8)：834-846.

王晓丹，史桂云，辛晓明，等，2005. 旱莲草水提物对小鼠的抗炎镇痛作用 [J]. 泰山医学院学报，6：558-559.

王秀芹，张素青，王德兴，等，2016. 中草药在水产动物病害防治的应用及存在问题 [J]. 科学养鱼，11：55-57.

王彦武，李凤文，黄超培，等，2008. 墨旱莲提取物对小鼠免疫调节作用的研究 [J]. 应用预防医学，14 (6)：354-356.

王永波，王秀英，刘金叶，等，2016. 海南岛石斑鱼刺激隐核虫病发病规律调查 [J]. 广东农业科学，5：152-156.

王永玲，蔡春芳，2002. 中草药免疫增强剂对银鲫促生长效果的研究 [J]. 水利渔业，22 (4)：42-43.

王玉堂，2013. 疫苗在水产养殖病害防治中的作用及应用前景（连载二）[J]. 中国水产，4：50-52.

王玉堂，2016. 渔用免疫增强剂的科研进展（一）[J]. 中国水产，1：75-77.

王忠良，王蓓，鲁义善，等，2015. 水产疫苗研究开发现状与趋势分析 [J]. 生物技术通报，6：55-59.

韦敏侠，宋红梅，蒋燕玲，等，2015. 苜蓿皂苷促进血鹦鹉鱼对虾青素的吸收及其最适添加水平 [J]. 动物营养学报，27 (8)：2589-2596.

吴定虎，1989. 赤点石斑鱼的病害及其防治的初步研究 [J]. 福建水产，3：59-64.

吴普（魏）等述. 孙星衍，孙冯翼（清）辑，1982. 神农本草经 [M]. 北京：人民卫生出版社.

吴旋，2011. 四种中草药多糖对黄颡鱼生长、体成分及部分生理生化指标的影响 [D]. 天津：天津农学院.

吴燕燕，李来好，郝志明，等，2007. 罗非鱼肝中超氧化物歧化酶的提取、纯化与分析 [J]. 水产学报，4：518-524.

夏春，1996. 鳗鲡淋巴细胞表面存在不同表型的免疫球蛋白 [J]. 水产学报，20 (4)：361-364.

徐丰都，彭丽园，綦婷，等，2016. 中草药对水产动物致病菌抑杀作用的研究进展 [J]. 水产养殖，

10：48-52.

徐汝明，邓克敏，陆阳，2009. 中药墨旱莲扶正固本和保肝作用的研究 [J]. 上海交通大学学报，29（10）：1200-1204.

徐先栋，谢珍玉，欧阳吉隆，等，2012. 褐点石斑鱼脱鳞病病原菌的分离与鉴定 [J]. 海洋科学，2：67-74.

许宝红，2012. 感病草鱼脾的比较转录组分析 [D]. 长沙：湖南农业大学.

许小华，郝鹏飞，杨云，等，2010. 墨旱莲多糖对正常小鼠免疫功能的实验研究 [J]. 中国实验方剂学杂志，5：181-182.

鄢庆枇，苏永全，王军，等，2001. 网箱养殖青石斑鱼河流弧菌病研究 [J]. 海洋科学，10：17-19.

闫曙光，2012. 乌梅丸及其拆方对溃疡性结肠炎大鼠细胞因子、炎性介质及 TLR4/NF-κB 信号通路影响的实验研究 [D]. 成都中医药大学.

严俊贤，许小华，梁晓春，等，2012. 棕点石斑鱼网箱养殖试验研究 [J]. 安徽农业科学，11：6524-6526.

严正华，2006. 中药学 [M]. 第二版. 北京：人民卫生出版社，36-39.

晏继红，王仕宝，刘文虎，2013. 中药免疫增强剂研究进展 [J]. 西北药学杂志，05：549-552.

杨霓芝，黄春林，2000. 泌尿专科中医临床诊治 [M]. 北京：人民卫生出版社，275-309.

杨青原，2013. 激活型 Fc gamma Rs 在 PRRSV 感染中的作用 [D]. 郑州：河南农业大学.

杨淑芝，张晓坤，1997. 大黄等中药抗厌氧菌的作用研究 [J]. 辽宁中医杂志，24（4）：187.

杨霞，吴信忠，2005. 赤点石斑鱼的普通变形菌病原学研究 [J]. 水产科学，(09)：5-7.

杨先乐，1989. 鱼类免疫学研究的进展 [J]. 水产学报，13（3）：272-284.

杨晓斌，张腾，李华，2013. 养殖鲆鲽类免疫增强剂的研究进展 [J]. 中国农业科技导报，06：46-54.

姚坚强，2011. 中国糯玉米穗部发育相关基因的转录组测序与功能分析 [D]. 杭州：浙江大学.

于琦，金光亮，2009. 三种复方对慢性应激模型大鼠海马 CREB、BDNF 基因表达的影响 [J]. 中国病理生理杂志，3：591-594.

余登航，2010. 中草药免疫增强剂在水产养殖中的应用进展 [J]. 齐鲁渔业，5：49-51.

曾凡力，程悦，陈建萍，等，2011. 鸡血藤醇提物体外抗病毒活性研究 [J]. 中药新药与临床药理，22（1）：16-20.

张春兰，秦孜娟，王桂芝，等，2012. 转录组与 RNA-Seq 技术 [J]. 生物技术通报，12：51-56.

张冬梅，娄利霞，吴爱明，等，2012. 芪白合剂对初发 2 型糖尿病 KKAy 小鼠胰岛素抵抗及其相关基因 mRNA 表达的影响 [J]. 中西医结合学报，7：821-826.

张国斌，2009. 胭脂鱼幼鱼适宜蛋白水平及中草药对其非特异性免疫机能的影响 [D]. 武汉：华中农业大学.

张建东，毛锡金，郭娜，2006. 中药对心肌细胞中凋亡调控基因的影响 [J]. 中国临床康复，11：147-149.

张坤，丁克，2015. 复方黄柏液对大鼠感染性创面 TNF-α 和 IL-6 表达的影响 [J]. 中国新药杂志，24（19）：2222-2226.

张升力, 付成东, 梁拥军, 等, 2014. 长尾草金鱼成熟期雌雄性腺 RNA-Seq 转录组分析 [J]. 水产科学, 33 (12): 750-756.

张四明, 邓怀, 汪登强, 等, 1999. 7 种鲟形目鱼类亲缘关系的随机扩增多态性 DNA 研究 [J]. 自然科学进展, 9: 52-57.

张永嘉, 1990. 湛江茂名海区饲养石斑鱼的鱼病调查 [J]. 海洋科学, 4: 53-57.

张照红, 2011. 复方中草药对罗非鱼、草鱼生长性能和非特异免疫功能的影响 [D]. 福州: 福建农林大学.

张志萍, 刘屏, 丁飞, 2000. 鸡血藤对高脂血症大鼠血浆超氧化物歧化酶和脂质过氧化物的影响 [J]. 中国药理学会通讯, 17 (3): 15.

赵鲁青, 增瑞祥, 王森民, 等, 1995. 复方黄柏冷敷剂的药理学研究 [J]. 中国药事, 9 (4): 236-238.

郑子春, 沈洪, 朱萱萱, 等, 2010. 黄柏、地榆、白及对溃疡性结肠炎大鼠组织中 NF-κB 和细胞因子表达的影响 [J]. 中国中医急症, 19 (3): 469-472.

周宸, 2010. 云芝多糖和副溶血弧菌灭活苗对斜带石斑鱼免疫功能的影响 [J]. 海洋渔业, 32 (3): 297-302.

周德贵, 赵琼一, 付崇允, 等, 2008. 新一代测序技术及其对水稻分子设计育种的影响 [J]. 分子植物育种, 4: 619-630.

周进, 黄健, 宋晓玲, 2003. 免疫增强剂在水产养殖中的应用 [J]. 海洋水产研究, 4: 70-79.

周立斌, 王安利, 张伟, 等, 2008a. 饲料维生素 A 对美国红鱼生长和免疫的影响(英文)[J]. 动物营养学报, 4: 482-488.

周立斌, 王树齐, 张海发, 2013. 饲料维生素 C 对美国红鱼(Sciaenops ocellatus)生长、免疫的影响 [J]. 海洋与湖沼, 4: 1108-1114.

周立斌, 张伟, 王安利, 等, 2008b. 饲料维生素 C 对花鲈(Lateolabrax japonicus)幼鱼生长和免疫的影响 [J]. 海洋与湖沼, 6: 671-677.

周立斌, 张伟, 王安利, 等, 2009a. 饲料维生素 E 添加量对花鲈生长、组织中维生素 E 积累量和免疫指标的影响 [J]. 水产学报, 1: 95-102.

周立斌, 张伟, 王安利, 等, 2009b. 饲料中锌对花鲈(Lateolabrax japonicus)幼鱼生长、免疫和组织积累的影响 [J]. 海洋与湖沼, 1: 42-47.

周梦, 2016. 抑杀杂交鳢源舒伯特气单胞菌的中草药筛选与应用 [D]. 重庆: 西南大学.

朱永官, 欧阳纬莹, 吴楠, 等, 2015. 抗生素耐药性的来源与控制对策 [J]. 中国科学院院刊, 4: 509-516.

祝慧凤, 万东, 吕发金, 等, 2006. 环氧化酶 2 与血管生成性疾病及其对血管生成的调控 [J]. 中国临床康复, 10 (45): 139-141.

庄晓燕, 杨菁, 李华侃, 等, 2010. 热盛胃出血小鼠模型的制作及墨旱莲对其止血作用机制的研究 [J]. 数理医学杂志, 23 (1): 31-32.

Addo-Quaye C, Eshoo T W, Bartel D P, et al., 2008. Endogenous siRNA and miRNA targets identified by sequencing of the *Arabidopsis degradome* [J]. Current Biology, 18: 758-762.

Aggarwal B B, Van Kuiken M E, Iyer L H, et al. , 2009. Molecular targets of nutraceuticals derived from dietary spices: potential role in suppression of inflammation and tumorigenesis [J] . Experimental Biology and Medicine (Maywood), 234: 825-849.

Altschul S F, Madden T L, Schaffer A A, et al. , 1997. Gapped BLAST and PSI-BLAST: a new generation of protein database search programs [J] . Nucleic Acids Research, 25: 3389-3402.

Alzahrani B, Iseli T J, Hebbard L W, 2014. Non-viral causes of liver cancer: Does obesity led inflammation play a role [J]? Cancer Letters, 345: 223-229.

Araki N, Hatae T, Furukawa A, et al. , 2003. Phosphoinositide-3-kinase-independent contractile activities associated with Fcγ-receptor-medicated phagocytosis and macropinocytosis in macrophages [J] . Journal of Cell Science, 116: 247-257.

Ashburner M, Ball C A, Blake J A, et al. , 2000. Gene Ontology: tool for the unification of biology [J] . Nature Genetics, 25 (1): 25-29.

Audic S and Claverie J M, 1997. The significance of digital gene expression profiles [J] . Genome Research, 7 (10): 986-995.

Bairoch A, Boeckmann B, Ferro S, et al. , 2004. Swiss-Prot: juggling between evolution and stability [J] . Briefings in Bioinformatics, 5: 39-55.

Bairwa M K, Jakhar J K, Satyanarayana Y, et al. , 2012. Animal and plant originated immunostimulants used in aquaculture [J] . Journal of Nature Plant Resources, 2 (3): 397-400.

Barbazuk W B, Emrich S J, Chen H D, et al. , 2007. SNP discovery via 454 transcriptome sequencing [J] . The Plant Journal, 51: 910-918.

Benjamini Y, Yekutieli D, 2001. The control of the false discovery rate in multiple testing under dependency [J] . The Annals of Statistics, 29: 1165-1188.

Bergljót M, 2006. Innate immunity of fish (overview) [J] . Fish & Shellfish Immunology, 20 (2): 137-151.

Borillo G A, Mason M, Quijada P, et al. , 2010. Pim-1 Kinase Protects Mitochondrial Integrity in Cardiomyocytes [J] . Circulation Research, 106 (7): 1265-1274.

Boshra H, Li J, Sunyer J O, 2006. Recent advances on the complement system of teleost fish [J] . Fish & shellfish immunology, 20: 239-262.

Bräutigam A, Gowik U, 2010. What can next generation sequencing do for you? Next generation sequencing as a valuable tool in plant research [J] . Plant Biology, 12 (6): 831-841.

Bullock G, Blazer V, Tsukuda S, 2000. Toxicity of acidified chitosan for cultured rainbow trout (*Oncorhynchus mykiss*) [J] . Aquaculture, 185: 273-280.

Burge C, Karlin S, 1997. Prediction of complete gene structures in human genomic DNA [J] . Journal of molecular biology, 268: 78-94.

Butler J, MacCallum I, Kleber M, et al. , 2008. ALLPATHS: *de novo* assembly of whole-genome shotgun microreads [J] . Genome research, 18: 810-820.

Byadgi O, Chen Y, Barnes A C, et al. , 2016. Transcriptome analysis of grey mullet (*Mugil cephalus*) after challenge with *Lactococcus garvieae* [J] . Fish & Shellfish Immunology, 58: 593-603.

Cai Y, Yu X, Hu S, et al. , 2009. A brief review on the mechanisms of miRNA regulation [J] . Genomics, Proteomics & Bioinformatics, 7: 147-154.

Camacho C, Coulouris G, Avagyan V, et al. , 2009. BLAST+: architecture and applications [J] . BMC bioinformatics, 10: 421.

Cameron M, Williams H E, Cannane A, 2004. Improved gapped alignment in BLAST [J] . IEEE/ACM Trans Comput Biol Bioinform, 1: 116-129.

Campbell P J, Stephens P J, Pleasance E D, et al. , 2008. Identification of somatically acquired rearrangements in cancer using genome-wide massively parallel paired-end sequencing [J] . Nature genetics, 40: 722-729.

Chang S, Liu C H, Conway R, et al. , 2004. Role of prostaglandin E2-dependent angiogenic switch in cyclooxygenase 2-induced breast cancer progression [J] . Proceedings of the National Academy of Sciences of the United States of America, 101 (2): 591-596.

Chen D P, Wong C K, Leung P C, et al. , 2011. Anti-inflammatory activities of chinese herbal medicine sinomenine and liang miao san on tumor necrosis factor-α-activated human fibroblast-like synoviocytes in rheumatoid arthritis [J] . Journal of Ethnopharmacology, 137: 457-468.

Chi S C, Lo B J, Lin S C, et al. , 2001. Characterization of grouper nervous necrosis virus (GNNV) [J] . Journal of Fish Diseases, 24 (1): 3-13.

Clerton P, Troutaud D, Verlhac V, et al. , 2001. Dietary vitamin E and rainbow trout (*Oncorhynchus mykiss*) phagocyte functions effect on gut and on head kidney leucocytes [J] . Fish Shellfish Immunology, 11: 1-13.

Cock P J, Fields C J, Goto N, et al. , 2010. The Sanger FASTQ file format for sequences with quality scores, and the Solexa/Illumina FASTQ variants [J] . Nucleic acids research, 38: 1767-1771.

Cocquet J, Chong A, Zhang G, et al. , 2006. Reverse transcriptase template switching and false alternative transcripts [J] . Genomics, 88: 127-131.

Cohen S, Janicki-Deverts D, Doyle W J, et al. , 2012. Chronic stress, glucocorticoid receptor resistance, inflammation and disease risk [J] . Proceedings of the National Academy of Sciences of the United States of America, 109: 5995-5999.

Cohen-Solal J F, Cassard L, Fridman W H, et al. , 2004. Fc γ receptors [J] . Immunology Letters, 92: 199-205.

Conesa A, Götz S, García-Gómez J M, et al. , 2005. Blast2GO: a universal tool for annotation, visualization and analysis in functional genomics research [J] . Bioinformatics, 21 (18): 3674-3676.

Consortium G O, 2000. Gene Ontology: tool for the unification of biology [J] . Nature genetics, 25: 25-29.

Consortium U, 2008. The universal protein resource (UniProt) [J] . Nucleic acids research, 36: 190-195.

Cox M P, Peterson D A, Biggs P J, 2010. SolexaQA: At-a-glance quality assessment of Illumina second-generation sequencing data [J] . BMC bioinformatics, 11 (485): 1-6.

Cuesta A, Esteban M A, Ovtuno J, et al. , 2001. Vitamin E increases natural cytotoxic activity in seabream

(*Sparus aurata* L.) [J] . Fish & Shellfish Immunology, 11: 293-302.

Cuesta A, Ortuno J, Esteban M A, et al. , 2002a. Changes in some innate defence parameters of seabream (*Sparus aurata* L.) induced by retinol acetate [J] . Fish Shellfish Immunology, 13: 279-291.

Cuesta A, Esteban M A, Meseguer J, et al. , 2002b. Natural cytotoxic activity in seabream (*Sparus aurata* L.) and its modulation by vitamin C [J] . Fish & Shellfish Immunology, 13: 97-109.

Daeron M, 1997. Fc receptor biology [J] . Annual Review of Immunology, 15: 203-234.

De Hoon M J, Imoto S, Nolan J, et al. , 2004. Open source clustering software [J] . Bioinformatics, 20 (9): 1453-1454.

De Souza A P, Bonorino C, 2009. Tumor immunosuppressive environment: effects on tumor-specific and non-tumor antigen immune responses [J] . Expert Review of Anticancer Therapy, 9: 1317-1332.

DeBoer M D, 2013. Obesity, systemic inflammation, and increased risk for cardiovascular disease and diabetes among adolescents: A need for screening tools to target interventions [J] . Nutrition, 29 (2): 379-386.

Delcher A L, Harmon D, Kasif S, et al, 1999. Improved microbial gene identification with GLIMMER [J] . Nucleic acids research, 27: 4636-4641.

Denoeud F, Aury J M, Da Silva C, et al. , 2008. Annotating genomes with massive-scale RNA sequencing [J] . Genome Biology, 9: R175.

Direkbusarakom S, Herunsalee A, Yoshimizu M, et al. , 1996. Antiviral activity of several Thai traditional herb extracts against fish pathogenic viruses [J] . Fish Pathology, 31: 209-213.

Du X, Li Y, Li D, et al. , 2017. Transcriptome profiling of spleen provides insights into the antiviral mechanism in *Schizothorax prenanti* after poly (I: C) challenge [J] . Fish & Shellfish Immunology, 62: 13-23.

Esteban M A, Cuesta A, Meseguer J, 2001. Immunomodulatory effects of dietary intake of chitin on gilthead seabream (*Sparus aurata* L.) innate immune system [J] . Fish & Shellfish Immunoloy, 11: 303-315.

Fast M D, Hosoya S, Johnson S C, et al. , 2008. Cortisol response and immune-related effects of Atlantic salmon (*Salmo salar* Linnaeus) subjected to short-and long-term stress [J] . Fish & Shellfish Immunology, 24: 194-204.

Fields P A, 2001. Review: Protein function at thermal extremes: balancing stability and flexibility [J] . Comparative Biochemistry and Physiology Part A: Molecular & Integrative Physiology, 129: 417-431.

Filipowicz W, Bhattacharyya S N, Sonenberg N, 2008. Mechanisms of post-transcriptional regulation by microRNAs: are the answers in sight? [J] . Nature Reviews Genetics, 9: 102-114.

Fresno M, Alvarez R, Cuesta N, 2011. Toll-like receptors, inflammation, metabolism and obesity [J] . Archives of Physiology and Biochemistry, 117: 151-164.

Futagami A, Ishizaki M, Fukuda Y, et al. , 2002. Wound healing involves induction of cyclooxygenase-2 expression in rat skin [J] . Laboratory Investigation, 82 (11): 1503-1513.

Galgani M, Di Giacomo A, Matarese G, et al. , 2009 The Yin and Yang of CD4 (+) regulatory T cells in autoimmunity and cancer [J] . Current Medicinal Chemistry, 16: 4626-4631.

Galli R, Starace D, Busa R, et al. , 2010. TLR Stimulation of Prostate Tumor Cells Induces Chemokine-Mediated Recruitment of Specific Immune Cell Types [J] . Journal of Immunology, 184 (12): 6658-6669.

German M A, Pillay M, Jeong D H, et al. , 2008. Global identification of microRNA-target RNA pairs by parallel analysis of RNA ends [J] . Nature biotechnology, 26: 941-946.

Gewirtz A T, Vijay-Kumar M, Brant S R, et al. , 2006. Dominant-negative TLR5 polymorphism reduces adaptive immune response to flagellin and negatively associates with Crohn's disease [J] . American Journal of Physiology. Gastrointestinal and Liver Physiology, 290: G1157-G1163.

Ghoreschi K, Laurence A, O'Shea J J, 2009. Janus Kinases in immune cell signaling [J] . Immunol Reviews, 228 (1): 273-287.

Grabherr M G, Haas B J, Yassour M, et al. , 2011. Full-length transcriptome assembly from RNA-Seq data without a reference genome [J] . Nature Biotechnology, 29 (7): 644-652.

Greenhough A, Smartt H J, Moore A E, et al. , 2009. The COX-2/PGE2 pathway: key roles in the hallmarks of cancer and adaptation to the tumour microenvironment [J] . Carcinogenesis, 30 (3): 377-386.

Gregor M F, Hotamisligil G S, 2011. Inflammatory mechanisms in obesity [J] . Annual Review of Immunology, 29: 415-445.

Guo J P, Pang J, Wang X W, et al. , 2006. In vitro screening of traditionally used medicinal plants in China against enteroviruses [J] . World Journal of Gastroenterology, 12 (25): 4078-4081.

Guttman M, Garber M, Levin J Z, et al. , 2010. Ab initio reconstruction of cell type-specific transcriptomes in mouse reveals the conserved multi-exonic structure of lincRNAs [J] . Nature biotechnology, 28: 503-510.

Götz S, García-Gómez J M, Terol J, et al. , 2008. High-throughput functional annotation and data mining with the Blast2GO suite [J] . Nucleic acids research, 36: 3420-3435.

Ha E, Lee E, Yoon T, et al. , 2004. Methylene chloride fraction of *Spatholobi Caulis* induces apoptosis via caspase dependent pathway in U937 cells [J] . Biological & Pharmaceutical Bulletin, 27 (9): 1348-1352.

Haas J B, Papanicolaou A, Yassour M, et al. , 2013. De novo transcript sequence reconstruction from RNA-seq using the Trinity platform for reference generation and analysis [J] . Nature Protocols, 8: 1494-1512.

Hanahan D, Weinberg R A, 2000. The hallmarks of cancer [J] . Cell, 100: 57-70.

Hanriot L, Keime C, Gay N, et al. , 2008. A combination of LongSAGE with Solexa sequencing is well suited to explore the depth and the complexity of transcriptome [J] . BMC genomics, 9 (1): 1-9.

Hardie L J, Fletcher T C, Secombes C J, 1991. The effect of dietary vitamin C on the immune response of Atlantic salmon (*Salmo salar*) [J] . Aquaculture, 95: 201-214.

Harikrishnan R, Balasundaram C, Heo M S, et al. , 2010. Potential use of probiotics-and triherbal extract-enriched diets to control Aeromonas hydrophila infection in carp [J] . Diseases of Aquatic Organisms, 92 (1): 41-49.

Harikrishnan R, Balasundaram C, Heo M, 2011a. Impact of plant products on innate and adaptive immune system of cultured finfish and shellfish [J] . Aquaculture, 317: 1-15.

Harikrishnan R, Heo J, Balasundaram C, et al. , 2010c. Effect of traditional Korean medicinal (TKM) triherbal extract on the innate immune system and disease resistance in *Paralichthys olivaceus* against *Uronema marinum* [J] . Veterinary Parasitology, 170: 1-7.

Harikrishnan R, Heo J, Balasundaram C, et al. , 2010b. Effect of *Punica granatum* solvent extracts on immune system and disease resistance in *Paralichthys olivaceus* against lymphocystis disease virus (LDV) [J]. Fish & Shellfish Immunology, 29: 668-673.

Harikrishnan R, Kim J, Kim M, et al. , 2011b. *Prunella vulgaris* enhances the non-specific immune response and disease resistance of *Paralichthys olivaceus* against *Uronema marinum* [J] . Aquaculture, 318: 61-66.

Hashimoto K, Goto S, Kawano S, et al. , 2006. KEGG as a glycome informatics resource [J] . Glycobiology, 16: 63-70.

Hawn T R, Wu H, Grossman J M, et al. , 2005. A stop codon polymorphism of Toll-like receptor 5 is associated with resistance to systemic lupus erythematosus [J] . Proceedings of the National Academy of Sciences of the United States of America, 102: 10593-10597.

Heemstra, Randall, 1993. FAO species catalogue: VOL. 16. Groupers of the World [M] .

Heim M H, 1999. The JAK-STAT pathway: cytokine signaling from the receptor to the nucleus [J] . Journal of Receptor and Signal Transduction Research, 19: 75-120.

Hossain M, Banik N, Ray S K, 2013. N-Myc knockdown and apigenin treatment controlled growth of malignant neuroblastoma cells having N-Myc amplification [J] . Gene, 529 (1): 27-36.

Hsu H F, Houng J Y, Chang C I, et al. , 2005. Antioxidant activity, cytotoxicity, and DNA information of Glossogyne tenuifolia [J] . Journal of Agricultural and Food Chemistry, 53 (15): 6117-6125.

Huang X, Gong J, Huang Y, et al. , 2013. Characterization of an envelope gene VP19 from Singapore grouper iridovirus [J] . Virology Journal, 10 (1): 354.

Ilani T, Vasiliver-Shamis G, Vardhana S, et al. , 2009. T cell antigen receptor signaling and immunological synapse stability require myosin IIA [J] . Nature Immunology, 10: 531-539.

Iseli C, Jongeneel C V, Bucher P, 1999. ESTScan: a program for detecting, evaluating, and reconstructing potential coding regions in EST sequences [J] . Proceedings of the International Conference on Intelligent Systems for Molecular Biology, 138-148.

Ivashkiv L B, Hu X Y, 2004. Signaling by STATs [J] . Arthritis Research & Therapy, 6 (4): 159-168.

Jaqaman K, Kuwata H, Touret N, et al. , 2011. Cytoskeletal control of CD36 diffusion promotes its receptor and signaling function [J] . Cell, 146: 593-606.

Jego G, Bataille R A, Geffroy-Luseau G, et al. , 2006. Pathogen-associated molecular patterns are growth and survival factors for human myeloma cells through Toll - like receptors [J] . Leukemia, 20: 1130-1137.

Jin C, Flavell R A, 2013. Innate sensors of pathogen and stress: linking inflammation to obesity [J] . Journal of Allergy and Clinical Immunology, 132 (2): 287-294.

Jφrgensen J B, Johansen A, Stenersen B, et al. , 2001. CpG oligodeoxynucleotides and plasmid DNA stimulate salmon (*Salmo salar* L.) leucocytes to produce supernatants with antiviral activity [J] . Developmental and Comparative Immunology, 25: 313-321.

Kajita Y, Sakai M, Atsuta S, et al. , 1990. The immunomodulatory effects of levamisole on rainbow trout *Oncorhynchus mykiss* [J] . Fish Pathology, 25: 93-98.

Kanehisa M, Araki M, Goto S, et al. , 2008. KEGG for linking genomes to life and the environment [J] . Nucleic Acids Research, 36 (suppl 1): D480-D484.

Kanehisa M, Goto S, 2000. KEGG: kyoto encyclopedia of genes and genomes [J] . Nucleic Acids Research, 28: 27-30.

Kanehisa M, Goto S, Kawashima S, et al. , 2004. The KEGG resource for deciphering the genome [J] . Nucleic Acids Research, 32: D277-D280.

Kanehisa M, Goto S, Sato Y, et al. , 2012. KEGG for integration and interpretation of large-scale molecular data sets [J] . Nucleic Acids Research, 40: D109-D114.

Kaneko Y, Nimmerjahn F, Ravetch J V, 2006. Anti-Inflammatory Activity of Immunoglobulin G Resulting from Fc Sialylation [J] . Science, 313 (5787): 670-673.

Kang I, Kim S, Song G, et al. , 2003. Effects of the ethyl acetate fraction of *Spatholobi caulis* on tumour cell aggregation and migration [J] . Phytotherapy Research, 17 (2): 163-167.

Kim D H, Puthumana J, Kang H M, et al. , 2016. Adverse effects of MWCNTs on life parameters, antioxidant systems, and activation of MAPK signaling pathways in the copepod *Paracyclopina nana* [J] . Aquatic Toxicology, 179: 115-124.

Kobori M, Yang Z, Gong D, et al. , 2004. Wedelolactone suppresses LPS-induced caspase-11 Expression by directly inhibiting the IKK Complex [J] . Cell Death and Differentiation, 11: 123-130.

Korbel J O, Urban A E, Affourtit J P, et al. , 2007. Paired-end mapping reveals extensive structural variation in the human genome [J] . Science, 318: 420-426.

Kotanidou A, Xagoraria, Bagiie, et al. , 2002. Luteolin reduces lipopolysaccharide induced lethal toxicity and expression of proinflammatory molecules in mice [J] . American Journal of Respiratory and Critical Care Medicine, 165 (6): 818-823.

Kristiansson E. , Asker N, Förlin L, et al. , 2009. Characterization of the *Zoarces viviparus* liver transcriptome using massively parallel pyrosequencing [J] . BMC genomics, 10 (1): 1-11.

Kumar A, Mandiyan, Suzuki Y, et al. , 2005. Crystal structures of proto-oncogene kinase Pim1: a target of aberrant somatic hypermutations in diffuse large cell lymphoma [J] . Journal of Molecular Biology, 348 (1): 183-193.

Kumari C S, Govindasamy S, Sukumar E, et al. , 2006. Lipid lowering activity of Eclipta prostrata in experimental hyperlipidemia [J] . Journal of Ethnopharmacology, 105 (3): 332-335.

Kumari J, Sahoo P K, Giri S S, 2007. Effects of polyherbal formulation 'ImmuPlus' on immunity and disease resistance of Indian major carp, *Labio rohita* at different stages of growth [J] . Indian Journal of Experimental Biology, 45: 291-298.

Lakshmi R, Kundu R, Thomas E, et al. , 1991. Mercuric chloride induced inhibation of acid and alkaline phosphatase activity in the kidney of Mudskipper, *Boleophthalmiis dentatiis* [J] . Acta hydrochimica ef hydrobiologica, 19 (3): 341-344.

Lee M K, Ha N R, Yang H, et al. , 2008. Antiproliferative activity of triterpenoids from *Eclipta prostrate* on hepatic stellate cells [J] . Phytomedicine, 15: 775-780.

Lee Y J, Lin W L, Chen N F, et al. , 2012. Demethylwed elolactone derivatives inhibit invasive growth in vitro and lungmetastasis of MDA-MB-231 breast cancer cells in nude mice [J] . European Journal of Medicinal Chemistry, 56: 361-367.

Leu J H, Boudinot P, Colinot I, 2000. Complete genomic organization and promoter analysis of the round-spotted pufferfish JAK1, JAK2, JAK3, and TYK2 genes [J] . DNA Cell Biology, 19 (7): 4385-4394.

Levi L, Pekarski L, Gutman E, et al. , 2009. Revealing genes associated with vitellogenesis in the liver of the zebrafish (*Danio rerio*) by transcriptome profiling [J] . BMC Genomics, 10: 141.

Li C H, Lin D L, Fu X Q, et al. , 2013. Apigenin up-regulates transgelin and inhibits invasion and migration of colorectal cancer through decreased phosphorylation of AKT [J] . Journal of Nutritional Biochemistry, 24 (10): 1766-1775.

Li G, Zhao Y, Wang J, et al. , 2017. Transcriptome profiling of developing spleen tissue and discovery of immune-related genes in grass carp (*Ctenopharyngodon idella*) [J] . Fish & Shellfish Immunology, 60: 400-410.

Li R W, Lin G D, Myers S P, et al. , 2003. Anti-inflammatory activity of Chinese medicinal vine plants [J]. Journal of Ethnopharmacology, 85: 61-67.

Li S, Chou H H, 2004. LUCY2: an interactive DNA sequence quality trimming and vector removal tool [J] . Bioinformatics, 20: 2865-2866.

Li W X, 2008. Canonical and non-canonical JAK-STAT signaling [J] . Trends in Cell Biology, 18 (11): 545-551.

Li Y C, Hung C F, Yeh F T, et al. , 2001. Luteolin-inhibited arylamine N-acetytransferse activity and DNA 2 aminofluorene adduct in human and mouse leukemia cells [J] . Food and Chemical Toxicology, 39 (7): 641-647.

Liao X, Cheng L, Xu P, et al. , 2013. Transcriptome Analysis of Crucian Carp (*Carassius auratus*), an Important Aquaculture and Hypoxia-Tolerant Species [J] . PLoS ONE, 8 (4): e62308. doi: 10.1371/journal. pone. 0062308.

Lin L, He J G, Mori K, et al. , 2001. Massmortalities associated with viral nervous necrosis in hatchery-reared groupers in the People's Republic of China [J] . Fish Pathology, 36 (3): 186-188.

Littman D R, Rudensky A Y, 2010. Th17 and regulatory T cells in mediating and restraining inflammation [J]. Cell, 149: 845-858.

Liu Q M, Zhao H Y, Zhong X K, et al. , 2012. Eclipta prostrata L. phytochemicals: Isolation, structure elucidation, and their antitumor activity [J] . Food and Chemical Toxicology, 50: 4016-4022.

Long Y, Li Q, Zhou B, et al. , 2013. De novo assembly of mud loach (*Misgurnus anguillicaudatus*) skin transcriptome to identify putative genes involved in immunity and epidermal mucus secretion [J] . PloS one, 8 (2): e56998.

Lun S W, Wong C K, Ko F W, et al. , 2008. Expression and functional analysis of Toll-like receptors of peripheral blood cells in Asthmatic patients: implication for immunopathological mechanism in Asthma [J] . Journal of Clinical Immunology, 29 (3): 330-342.

Luo R, Liu B, Xie Y, et al., 2012. SOAPdenovo2: an empirically improved memory-efficient short-read *de novo* assembler [J] . Gigascience, 1: 18.

Lygren B, Hjeltnes B, Waagbo R, 2002. Immune response and disease resistance in Atlantic salmon (*Salmo salar* L.) fed three levels of dietary vitamin E and the effect of vaccination on the liver status of antioxidant vitamins [J] . Aquaculture International, 9: 401-411.

Mardis E R, 2008. The impact of next-generation sequencing technology on genetics [J] . Trends in Genetics, 24 (3): 133-141.

Margulies M, Egholm M, Altman W E, et al. , 2005. Genome sequencing in micro-fabricated high-density picolitre reactors [J] .Nature, 437 (7057): 376-380.

Marioni J C, Mason C E, Mane S M, et al. , 2008. RNA-seq: an assessment of technical reproducibility and comparison with gene expression arrays [J] . Genome research, 18 (9): 1509-1517.

Martin J A, Wang Z, 2011. Next-generation transcriptome assembly [J] . Nature Reviews Genetics, 12: 671-682.

Martin J, Bruno V M, Fang Z, et al. , 2010. Rnnotator: an automated *de novo* transcriptome assembly pipeline from stranded RNA-Seq reads [J] . BMC genomics, 11 (1): 1-19.

Mason L H, Willette-Brown J, Taylor L S, et al. , 2006. Regulation of Ly49D/DAP12 signal transduction by Src-family kinases and CD45 [J] . Journal of Immunology, 176: 6615-6623.

Masuda A, Yoshida M, Shiomi H, et al. , 2009. Role of Fc Receptors as a therapeutic target [J] . Inflammation & Allergy-Drug Targets, 8 (1): 80-86.

Meng Z, Shao J Z, Xiang L X, 2003. CpG oligodeoxynucleotides activate grass carp (*Ctenopharyngodon idellus*) macrophages [J] . Developmental and Comparative Immunology, 27: 313-321.

Metzker M L, 2010. Sequencing technologies—the next generation [J] . Nature Reviews Genetics, 11: 31-46.

Mitchell T J, John S, 2005. Signal transducer and activator of transcription (STAT) signaling and T-cell lymphomas [J] . Immunology, 114 (3): 301-312.

Morin R D, O 'Connor M D, Griffith M, et al. , 2008. Application of massively parallel sequencing to microRNA profiling and discovery in human embryonic stem cells [J] . Genome research, 18: 610-621.

Morozova O, Hirst M, Marra M A, 2009. Applications of new sequencing technologies for transcriptome analysis [J] . Annual review of genomics and human genetics, 10: 135-151.

Morozova O, Marra M A, 2008. From cytogenetics to next-generation sequencing technologies: advances in the detection of genome rearrangements in tumors [J] . Biochemistry and Cell Biology, 86: 81-91.

Mortazavi A, Williams B A, Mccue K, et al. , 2008. Mapping and quantifying mammalian transcriptomes by RNA-Seq [J] . Nature Methods, 5 (7): 621-628.

Mu Y, Ding F, Cui P, et al. , 2010. Transcriptome and expression profiling analysis revealed changes of multiple signaling pathways involved in immunity in the large yellow croaker during *Aeromonas hydrophila* infection [J]. BMC Genomics, 11 (1): 506. doi: 10. 1186/1471-2164-11-506.

Mu Y, Ding F, Cui P, et al. , 2010. Transcriptome and expression profiling analysis revealed changes of multiple signaling pathways involved in immunity in the large yellow croaker during *Aeromonas hydrophila* infection [J]. BMC Genomics, 11 (506): 1471-2164.

Mulero V, Esteban M A, Meseguer J, et al. , 1998. Dietary intake of levamisole enhances the immune response and disease resistance ofthe marine teleost gilthead seabream (*Sparus aurata* L.) [J]. Fish & Shellfish Immunology, 8: 49-62.

Nakamura A, Kubo T, Takai Z, 2008. Fc receptor targeting in the treatment of allergy, autoimmune diseases and cancer [J]. Advances in Experimental Medicine and Biology, 640: 220-233.

Nardocci G, Navarro C, Cortés P P, et al. , 2014. Neuroendocrine mechanisms for immune system regulation during stress in fish [J]. Fish & Shellfish Immunology, 40: 531-538.

Niederer H A, Clatworthy M, Willcocks L C, et al. , 2010. Fc gammaR Ⅱ B, Fc gammaR Ⅲ B, and systemic lupus erythematosus [J]. Annals of the New York Academy of Sciences, 1183: 69-88.

Nimmerjahn F, Bruhns P, Horiuchi K, et al. , 2005. Fc gamma RIV: a novel FcR with distinct IgG subclass specificity [J]. Immunity, 23 (1): 41-51.

Nimmerjahn F, Ravetch J V, 2006. Fc gamma receptors: old friends and new family members [J]. Immunity, 24 (1): 19-28.

Ning Z, Caccamo M, Mullikin J C, 2005. ssahaSNP-a polymorphism detection tool on a whole genome scale [J]. Computational Systems Bioinformatics Conference, Workshops and Poster Abstracts, IEEE, 251-252.

Novaes E, Drost D R, Farmerie W G, et al. , 2008. High-throughput gene and SNP discovery in *Eucalyptus grandis*, an uncharacterized genome [J]. BMC genomics, 9 (1): 1-14.

Oates A C, Wolberg P, Pratt S J, et al. , 1999. Zebrafish stat3 is expressed in restricted tissues during embryogenesis and stat1 rescues cytokine signaling in a STAT1-deficient human cell line [J]. Developmental Dynamics, 215 (4): 352-370.

Olazabal I M, Caron E, May R C, et al. , 2002. Rho-kinase and myosin-Ⅱ control pghagocytic cup formation during CR, But not Fcγ phagocytosis [J]. Current Biology, 12: 1413-1418.

Ondov B D, Varadarajan A, Passalacqua K D, et al. , 2008. Efficient mapping of Applied Biosystems SOLiD sequence data to a reference genome for functional genomic applications [J]. Bioinformatics, 24 (23): 2776-2777.

Orton R J, Sturm O E, Vyshemirsky V, et al. , 2005. Computational modelling of the receptor-tyrosine-kinase-activated MAPK pathway [J]. The Biochemical Journal, 392 (Pt 2): 249-261. *doi*: 10. 1042/*BJ*20050908.

Oumouna M, Jaso-Friedmann L, Evans D L, 2002. Activation of nonspecific cytotoxic cells (NCC) with synthetic oligodeoxynucleotides and bacterial genomic DNA Binding, specificity and identification of unique immunostimulatory motifs [J]. Developmental & Comparative Immunology, 26: 257-269.

Ovesna Z, Vachalkova A, Horvathova K, et al. , 2004. Pentacyclict riterpenoic acids: new ehemoproteetive compounds [J]. Minireview Neoplasma, 51 (5): 327–333.

Paszkiewicz K, Studholme D J, 2010. De novo assembly of short sequence reads [J]. Briefings in Bioinformatics, 11: 457–472.

Patel R K, Jain M, 2012. NGS QC Toolkit: a toolkit for quality control of next generation sequencing data [J]. PLoS One, 7: e30619.

Pereiro P, Balseiro P, Romero A, et al., 2012. High-throughput sequence analysis of turbot (*Scophthalmus maximus*) transcriptome using 454-pyrosequencing for the discovery of antiviral immune genes [J]. PloS one, 7 (5): e35369.

Porreca G J, Zhang K, Li J B, et al., 2007. Multiplex amplification of large sets of human exons [J]. Nature Methods, 4 (11): 931–936.

Powell N D, Sloan E K, Bailey M T, et al., 2013. Social stress up-regulates inflammatory gene expression in the leukocyte transcriptome via beta-adrenergic induction of myelopoiesis [J]. Proceedings of the National Academy of Sciences of the United States of America, 110 (41): 16574–16579.

Proia D A, Foley K P, Korbut T, et al., 2011. Multifaceted intervention by the Hsp90-inhibitor ganetespib (STA-9090) in cancer cells with activaqted JAK/STAT signaling [J]. Plos One, 6 (4): e18552.

Purcell M K, Marjara I S, Batts W, et al., 2011. Transcriptome analysis of rainbow trout infected with high and low virulence strains of infectious hematopoietic necrosis virus [J]. Fish & Shellfish Immunology, 30 (1): 84–93.

Qi Z, Wu P, Zhang Q, et al., 2016. Transcriptome analysis of soiny mullet (*Liza haematocheila*) spleen in response to *Streptococcus dysgalactiae* [J], Fish & Shellfish Immunology, 49: 194–204.

Ravetch J V, 1997. Fc receptors [J]. Current Opinion in Immunology, 9: 121–125.

Ravetch J V, Bolland S, 2001. lgG Fc receptors [J]. Annual Review of lmmunology, 19: 275–290.

Rinn J L and Chang H Y, 2012. Genome regulation by long noncoding RNAs [J]. Annual Review of Biochemistry. 81: 145–166.

Roach T, Slater S, Koval M, et al., 1997. CD45 regulates Src family member kinase activity associated with macrophage integrin-mediated adhesion [J]. Current Biology, 7: 408–417.

Robertson G, Schein J, Chiu R, et al., 2010. De novo assembly and analysis of RNA-seq data [J]. Nature methods. 7: 909–912.

Rudic R D, Brinster D, Cheng Y, et al., 2005. COX-2-Derived prostacyclin modulates vascular remodeling [J]. Circulation Research, 96 (12): 1240–1247.

Sadzuka Y, Sugiyama T, Shimoi K, et al., 1997. Protective effect of flavonoids on doxorubicin induced cardiotoxicity [J]. Toxicology Letters, 92 (1): 1–7.

Sahu R P, Srivastava S K, 2009. The role of STAT-3 in the induction of a apoptosis in pancreatic cancer cells by benzyl isothiocyanate [J]. Journal of the National Cancer Institute, 101 (3): 176–193.

Sakai M, Kobayashi M, Yoshida T, 1995. Activation of rainbow trout, *Oncorhynchus mykiss*, phagocytic cells by administration of bovine lactoferrin [J]. Comparative Biochemistry and Physiology, 110B: 755–759.

Saldanha A J, 2004. Java Treeview – extensible visualization of microarray data [J]. Bioinformatics, 20

（17）: 3246-3248.

Salem M, Rexroad C E, Wang J, et al. , 2010. Characterization of the rainbow trout transcriptome using Sanger and 454-pyrosequencing approaches [J] . BMC Genomics, 11: 564.

Santhosh C, Kumari S, Govindasamy E, et al. , 2006. Lipid lowering activity of *Eclipta prostrata* in experimental hyperlipidemia [J] . Journal of Ethnopharmacology, 105: 332-335.

Satoko Y, Hideki A, Izumi H, et al. , 2003. COX-2/VEGF-dependent facilitation of tumor-associated angiogenesis and tumor growth in vivo [J] . Laboratory Investigation, 83 (10): 1385-1394.

Schena M, Shalon D, Davis R W et al. , 1995. Quantitative monitoring of gene expression patterns with a complementary DNA microarray [J] . Science, 270: 467-470.

Schulz M H, Zerbino D R, Vingron M, et al. , 2012. Robust *de novo* RNA-seq assembly across the dynamic range of expression levels [J] . Bioinformatics, 28: 1086-1092.

Secombes C J, 1990. Isolation of salmonid macrophages and analysis of their killing activity. In: Stolen J S, Fletcher T C, Anderson D P, et al. Techniques in fish immunology. SOS Publications, Fair Haven, NJ, pp: 137.

Sethi G, Sung B, Kunnumakkara A B, et al. , 2009. Targeting TNF for treatment of cancer and autoimmunity [J] . Advances in Experimental Medicine and Biology, 647: 37-51.

Shao Z J, 2001. Aquaculture pharmaceuticals and biological: current perspectives and future possibilities [J]. Advanced Drug Delivery Reviews, 50: 229-243.

Shota Y, Keiko K, Yasuhiro S, 2012. Myosin II-dependent exclusion of CD45 from the site of Fcγ receptor activation during phagocytosis [J] . FEBS Letters, 586: 3229-3235.

SM W, 2007. Understanding SAGE data [J] . Trends in Genetics, 23: 42-50.

Sun X, Guo W, Xie Z, et al. , 2015. Rapid Screening of Chinese Herbal Immunostimulants for *Epinephelus fuscoguttatus* [J] . Progress in Fishery Sciences, 36 (1): 54-60.

Surget-Groba Y, Montoya-Burgos J I, 2010. Optimization of *de novo* transcriptome assembly from next-generation sequencing data [J] . Genome Research, 20: 1432-1440.

Takeuchi O, Akira S, 2010. Pattern recognition receptors and inflammation [J] . Cell, 140: 805-820.

Tang F, Barbacioru C, Wang Y, et al. , 2009. mRNA-Seq whole-transcriptome analysis of a single cell [J]. Nature methods, 6: 377-382.

Tang F, Lao K, Surani M A, 2011. Development and applications of single-cell transcriptome analysis [J] . Nature, 8 (4 Suppl): S6-S11.

Tatusov R L, Fedorova N D, Jackson J D, et al. , 2003. The COG database: an updated version includes eukaryotes [J] . BMC bioinformatics, 4: 41.

Tatusov R L, Galperin M Y, Natale D A, et al. , 2000. The COG database: a tool for genome-scale analysis of protein functions and evolution [J] . Nucleic Acids Research, 28: 33-36.

Tong C, Zhang C, Zhang R, et al. , 2015. Transcriptome profiling analysis of naked carp (*Gymnocypris przewalskii*) provides insights into the immune - related genes in highland fish [J] . Fish & Shellfish Immunology, 46: 366-377.

Trapnell C, Roberts A, Goff L A, et al., 2012. Differential gene and transcript expression analysis of RNA-seq experiments with TopHat and Cufflinks [J]. Nature Protocols, 7 (3): 562-578.

Trapnell C, Williams B A, Pertea G, et al., 2010. Transcript assembly and quantification by RNA-Seq reveals unannotated transcripts and isoform switching during cell differentiation [J]. Nature Biotechnology, 28: 511-515.

Tsai R K, Discher D E, 2008. Inhibition of "self" engulfment through deactivation of myosin-II at the phagocytic synapse between human cells [J]. J Cell Biology, 180: 989-1003.

Van Verk M C, Hickman R, Pieterse C M, et al., 2013. RNA-Seq: revelation of the messengers [J]. Trends in Plant Science, 18 (4): 175-179.

Vicente-Manzanares M, Ma X, Adelstein R S, et al., 2009. Nonmuscle myosin II takes centre stage in cell adhesion and migration [J]. Nature Reviews Molecular Cell Biology, 10: 778-790.

Villanueva J, Vanacore R, Goicoechea O, et al., 1997. Intestinal alkaline phosphatase of the fish *Cyprinus carpio*: regional distribution and membrane association [J]. Journal of Experimental Zoology, 279: 347-355.

Wang J, Li X, Han T, et al., 2016a. Effects of different dietary carbohydrate levels on growth, feed utilization and body composition of juvenile grouper *Epinephelus akaara* [J]. Aquaculture, 459: 143-147.

Wang S, Huang X, Huang Y, et al., 2014a. Entry of a novel marine DNA virus, Singapore grouper iridovirus, into host cells occurs via Clathrin-mediated endocytosis and macropinocytosis in a pH-dependent manner [J]. Journal of Virology, 88 (22): 13047-13063.

Wang T, Yan J, Xu W, et al., 2016b. Characterization of Cyclooxygenase-2 and its induction pathways in response to high lipid diet-induced inflammation in *Larmichthys crocea* [J]. Scientific Reports, 6: 19921 | DOI: 10.1038/srep19921.

Wang W. Yi Q, Ma L, et al., 2014b. Sequencing and characterization of the transcriptome of half-smooth tongue sole (*Cynoglossus semilaevis*) [J]. BMC genomics, 15 (1): 470.

Way T D, Kao M C, Lin J K, 2004. Apigenin induces apoptosis through proteasomal degradation of HER2/neu in HER2/neu-overexpressing breast cancer cells via the phosphatidylinositol 3-kinase/Akt-dependent pathway [J]. Journal of Biological Chemistry, 279: 4479-4489.

Wei H, Tye L, Bresnick E, et al., 1990. Inhibitory effect of apigenin, a plant flavonoid, on epidermal ornithine decarboxylase and skin tumor promotion in mice [J]. Cancer Researches, 50: 499-502.

Willcocks L C, Smith K G, Clatworthy M R, 2009. Low-affinity Fc gamma receptors, autoimmunity and infection [J]. Expert Reviews in Molecular Medicine, 11: e24.

Wixon J, Kell D, 2000. Website Review: The kyoto encyclopedia of genes and genomes—KEGG [J]. http://www.genome.ad.jp/keg, Yeast, 17: 48-55.

Wolf J B, Bayer T, Haubold B, et al., 2010. Nucleotide divergence vs. gene expression differentiation: comparative transcriptome sequencing in natural isolates from the carrion crow and its hybrid zone with the hooded crow [J]. Molecular Ecology, 19 (1): 162-175.

Wu D G, Yu P, Li J W, et al., 2014. Apigenin potentiates the growth inhibitory effects by IKK-β-mediated

NF-γB activation in pancreatic cancer cells [J]. Toxicology Letters, 224 (1): 157-164.

Xian Y F, Mao Q Q, Ip S P, et al., 2011. Comparison on the anti-inflammatory effect of *Cortex phellodendri chinensis* and *Cortex phellodendri* amurensis in 12-O-tetradecanoyl-phorbol-13-acetate-induced ear edema in mice [J]. Journal of Ethnopharmacology, 137: 1425-1430.

Xiang L, He D, Dong W, et al., 2010. Deep sequencing-based transcriptome profiling analysis of bacteria-challenged *Lateolabrax japonicus* reveals insight into the immune-relevant genes in marine fish [J]. BMC genomics, 11 (1): 472-472.

Xu X, Liu K, Wang S, et al., 2017. Identification of pathogenicity, investigation of virulent gene distribution and development of a virulent strain-specific detection PCR method for Vibrio harveyi isolated from Hainan Province and Guangdong Province, China [J]. Aquaculture, 468: 226-234.

Xu Y, Xu L, Zhao M, et al., 2014. No receptor stands alone: IgG B-cell receptor intrinsic and extrinsic mechanisms contribute to antibody memory [J]. Cell Research, 24: 651-664. doi: 10.1038/cr.2014.65.

Yang D, Liu Q, Yang M, et al., 2012. RNA-seq liver transcriptome analysis reveals an activated MHC-I pathway and an inhibited MHC-II pathway at the early stage of vaccine immunization in zebrafish [J]. BMC genomics, 13 (1): 319.

Yang X, Liu D, Liu F, et al., 2013. HTQC: a fast quality control toolkit for Illumina sequencing data [J]. BMC bioinformatics, 14: 33.

Ye J, Fang L, Zheng H, et al., 2006. WEGO: a web tool for plotting GO annotations [J]. Nucleic Acids Research, 34: 293-297.

Zerbino D R, Birney E, 2008. Velvet: algorithms for *de novo* short read assembly using de *Bruijn graphs* [J]. Genome research, 18: 821-829.

Zhang R, Ludwig A, Zhang C, et al., 2015. Local adaptation of *Gymnocypris przewalskii* (Cyprinidae) on the Tibetan Plateau [J]. Scientific Reports, 9780. DOi: 10.1038/srep 09780.

Zhao S, Fungleung W, Bittner A, et al., 2014. Comparison of RNA-Seq and microarray in transcriptome profiling of activated T cells [J]. PLOS ONE, 9 (1): e78644.

Zhou W, Zhang Y, Wen Y, et al., 2015. Analysis of the transcriptomic profilings of Mandarin fish (*Siniperca chuatsi*) infected with *Flavobacterium columnare* with an emphasis on immune responses [J]. Fish & Shellfish Immunology, 43: 111-119.

Zhou Y, Yu W, Zhong H, 2016. Transcriptome analysis reveals that insulin is an immu-nomodulatory hormone in common carp [J]. Fish & Shellfish Immunology, 59: 213-219.

Zhou Y, Yu W, Zhong H, et al., 2016. Transcriptome analysis reveals that insulin is an immunomodulatory hormone in common carp [J]. Fish & Shellfish Immunology, 59: 213-219.

Zhu J W, Brdicka T, Katsumoto T R, et al., 2008. Structurally distinct phosphatases CD45 and CD148 both regulate B cell and macrophage immunoreceptor signaling [J]. Immunity, 28: 183-196.

Zhu R, Du H, Li S, et al., 2016. De novo annotation of the immune-enriched transcriptome provides insights into immune system genes of Chinese sturgeon (*Acipenser sinensis*) [J]. Fish & Shellfish Immunology, 55: 699-716.

缩略语

AKP	Alkaline phosphatase	碱性磷酸酶
BCR	B-cell receptor	B 细胞抗原受体
Blk	B lymphocyte kinase	B 淋巴细胞激酶
BLNK	B-cell linker	B 细胞连接体
bp	base pair	碱基对
CAT	Catalase	过氧化氢酶
CD22	cluster of differentiation-22	分化簇-22
CD45	protein tyrosine phosphatase，receptor type，C	蛋白络氨酸磷酸酶，受体类型，C
cDNA	complementary DNA	互补 DNA
CH50	Total complement activity	总补体
COG	Cluster of Orthologous Groups of proteins	蛋白相邻类的聚簇
COX	Cyclooxygenase	环氧化酶
DEG	differentially expressed genes	差异性表达基因
DGE	Digital Gene Expression	数字基因表达谱
DMSO	Dimethyl sulfoxide	二甲基亚砜
ERK	extracellular-signal-regulated kinase	胞外信号调节酶
Fc gamma R	Fc gamma receptor	Fc gamma 受体
GH	Growth Hormone	生长激素
GO	Gene Ontology	基因本体论
GRB2	Growth factor receptor-bound protein 2	生长因子受体连接蛋白 2
H_2O_2	Hydrogen peroxide	过氧化氢
HSI	hepatosomatic index	肝体比
IFN	Interferon	干扰素
IgG	immunoglobulin G	免疫球蛋白 G
IL	interleukin	白细胞介素
ISG	Interferon-stimulated gene	干扰素激活基因

ITAM	Immunoreceptor Tyrosine-based Activation Motif	酪氨酸的受体活化基序
JAK	Janus activated kinase	Janus 蛋白酪氨酸激酶
JNK	Jun amino-terminal kinases	Jun 氨基酸末端激酶
KEGG	Kyoto Encyclopedia of Genes and Genomes	京都基因和基因组百科全书
KOH	Potassium hydroxide	氢氧化钾
Lyn	Lck/Yes novel tyrosine kinase	Lck/Yes 新酪氨酸激酶
MAPK	mitogen-activated protein kinases	丝裂原活化蛋白激酶
MDA	Malondialdehyde	丙二醛
MHC	major histocompatibility complex	组织相容性复合体
mRNA	messenger RNA	信使 RNA
Myosin	Myosin	肌球蛋白
NBT	Nitro blue tetrazolium	硝基蓝四氮唑
NCBI	National Center for Biotechnology Information	美国生物信息学中心
NF-κB	nuclear factor of kappa light polypeptide gene enhancer in B-cells	B 细胞 kappa 肽基因增强子核因子
NR	Non-redundant protein database	无冗余蛋白数据库
PI3K	phosphoinositide 3-kinase	磷酸肌醇 3 激酶
PIM1	Proto-oncogene serine/threonine-protein kinase	原癌基因丝氨酸/苏氨酸-蛋白激酶
PLCγ2	phosphatidylinositol phospholipase C, gamma-2	磷脂酰肌醇磷脂酶 C，γ2
RIN	RNA Integrity Number	RNA 样本完整性指数
RNA	Ribonucleic Acid	核糖核酸
RNase	Ribonuclease	核糖核酸酶
ROS	Reactive Oxygen Species	活性氧
SFK	Src-family kinases	SRC 激酶
SGR	specific growth rate	特定生长率
SLE	Systemic Lupus Erythematosus	系统性红斑狼疮
SOCS	suppressor of cytokine signaling	细胞因子信号传导抑制因子
SOD	superoxide dismutase	超氧化物歧化酶
Src	proto-oncogene tyrosine kinase	酪氨酸激酶
SSI	spleensomatic index	脾体比
STAT	signal transducer and activator of transcription	信号转导子和转录激活子
Swiss-Prot	Swiss-Prot protein database	Swiss-Prot 蛋白数据库

Th2	T helper type2	T 细胞辅助细胞 2
TLR	Toll-like receptors	TOLL 样受体
TNF	Tumor necrosis factor	肿瘤坏死因子
WGR	Weight Gain Rate	增重率